河南省中小城市安全性评价研究

郭汝 著

中国水利水电出版社

·北京·

内 容 提 要

本书是一本运用城乡规划学架构城市安全性评价指标体系,并应用层次分析法处理关键性研究问题的著作。本书通过对河南省三个不同类型的县城和三个不同类型的乡镇这六个不同的案例进行分析,验证了城市安全性评价指标体系能够系统、全面地描述城市的安全性,为城市管理者评判城乡规划的优劣提供理论的指导方向,也为增强城市的安全性提供了技术依据。

本书结构合理、内容详细、全面,是一本实用性与可读性兼具的著作。

图书在版编目(CIP)数据

河南省中小城市安全性评价研究 / 郭汝著. —北京:中国水利水电出版社,2017.12(2025.6重印)
 ISBN 978-7-5170-6115-1

Ⅰ. ①河… Ⅱ. ①郭… Ⅲ. ①中小城市－城市管理－安全评价－研究－河南 Ⅳ. ①X92②D63

中国版本图书馆 CIP 数据核字(2017)第 304701 号

书　　名	河南省中小城市安全性评价研究 HENANSHENG ZHONGXIAO CHENGSHI ANQUANXING PINGJIA YANJIU
作　　者	郭　汝　著
出版发行	中国水利水电出版社 (北京市海淀区玉渊潭南路1号D座 100038) 网址:www.waterpub.com.cn E-mail:sales@waterpub.com.cn 电话:(010)68367658(营销中心)
经　　售	北京科水图书销售中心(零售) 电话:(010)88383994、63202643、68545874 全国各地新华书店和相关出版物销售网点
排　　版	北京亚吉飞数码科技有限公司
印　　刷	三河市天润建兴印务有限公司
规　　格	170mm×240mm　16开本　12印张　156千字
版　　次	2018年9月第1版　2025年6月第4次印刷
印　　数	0001—2000册
定　　价	49.00元

凡购买我社图书,如有缺页、倒页、脱页的,本社营销中心负责调换

版权所有·侵权必究

前　言

本书是在 2014 年河南省重点科技攻关计划项目——河南省中小城市安全性评价研究（编号：142102310028）和 2015 年河南省高等学校重点科研项目——河南省中小城市安全评价指标体系研究（编号：15B620002）资助的基础上完成的研究成果。

城镇化进程是解放生产力和积聚财富的过程，又是积聚风险和诱发危机的过程。城市规模越大，功能越复杂，潜在的危机也就越容易诱发。随着社会的转型，在政治、经济和社会等各个领域也都发生了不同程度的危机事件。无论是非典的流行、汶川地震的发生等人为或自然灾害，抑或上海跨年夜踩踏、天津港爆炸等群体性事件，一些非安全因素频频产生放大效应，对建设和谐社会和实现小康社会的目标形成威胁。

对于河南省而言，河南省城镇化率以每年两个点左右的速度稳定上升。2016 年底，河南省的城镇化率为 48.50%，名列全国第 27 位。目前处于倒数第五位，城镇化建设任务仍然十分艰巨。但伴随着河南省粮食生产核心区建设、中原经济区建设、郑州航空港经济综合实验区建设、郑洛新高新技术产业开发区自主创新实验区建设及郑汴洛自贸区建设等项目的推进，河南省面临着难得的建设机遇。

与此同时，对于河南省的中小城市而言，其数量多、分布广、人口多，其公共服务设施与基础设施往往配置不足，城市安全水平整体不高。基于此，本课题组运用城乡规划学，架构城市安全性评价指标体系，并应用层次分析法处理关键性研究问题，从而构建了城市安全性评价指标体系。该指标体系由 8 个一级指标、

21个二级指标、65个三级指标和55个四级指标构成。

本书将河南省县城（县级市）、乡（镇）划分为较大城市周边地区的中小城市、边缘地区的中小城市、城市密集地区的中小城市三种类型。研究报告对不同类型的三个县城——许昌市许昌县、平顶山市鲁山县、南阳市南召县及不同类型的3个乡镇——郑州市中原区须水镇、开封市兰考县爪营乡、信阳市新县箭厂河乡等6个中小城市具体案例的分析，验证了该指标体系能够系统、全面地描述城市的安全性，为城市管理者评判城乡规划的优劣提供了理论支撑和具体操作方法，并为如何增强城市的安全性提供了技术依据。

作　者

2017年8月

目 录

第 1 章 城市安全性的提出及其发展 ………………………… 1

1.1 研究背景 ……………………………………………… 1
1.2 城市安全的重要性 …………………………………… 4
1.3 国外相关研究 ………………………………………… 6
1.4 国内相关研究 ………………………………………… 9
1.5 城市安全研究新动向 ………………………………… 14
1.6 研究目的、意义 ……………………………………… 17
1.7 研究方法、技术路线 ………………………………… 19
1.8 研究的创新点 ………………………………………… 20

第 2 章 城市安全释义 …………………………………………… 22

2.1 学术界对于城市安全的认识 ………………………… 22
2.2 城市安全的特性 ……………………………………… 27
2.3 本研究对于城市安全的释义 ………………………… 29
2.4 城市安全容量分析 …………………………………… 31

第 3 章 基于城市规划发展的城市安全变化及趋势分析 …… 36

3.1 中国城市规划发展过程中的城市安全分析 ………… 36
3.2 城市规划演进过程中的各因素关系分析 …………… 39
3.3 未来城市安全演进趋势分析 ………………………… 41

第 4 章 城市安全性评价方法的选择 ………………………… 42

4.1 安全评价的原理及程序 ……………………………… 42

4.2　安全评价方法 …………………………………………… 44
　　4.3　评价方法的选取 ………………………………………… 47

第5章　河南省中小城市简介 ………………………………………… 54
　　5.1　城市规模标准简介 ……………………………………… 54
　　5.2　河南省中小城市基本情况 ……………………………… 56
　　5.3　研究对象 ………………………………………………… 56
　　5.4　中小城市可持续发展模式的关键问题探讨 …………… 57

第6章　河南省中小城市安全评价指标体系构建 …………………… 61
　　6.1　理论基础 ………………………………………………… 61
　　6.2　指标体系的建立 ………………………………………… 63
　　6.3　指标体系的量化 ………………………………………… 74
　　6.4　城市公共安全评价指标的权重确定 …………………… 75

第7章　基于大数据的城市安全性评价 ……………………………… 84
　　7.1　大数据应用提高了城市研究和问题解决的能力 …… 84
　　7.2　大数据与传统调研方法结合支撑城市安全性评价 … 88
　　7.3　对城市安全性评价中大数据应用方面的总结 ……… 93
　　7.4　对城市安全性评价中大数据应用方面的展望 ……… 95

第8章　河南省中小城市安全评价应用与分析 ……………………… 98
　　8.1　许昌县、鲁山县、南召县及须水镇、爪营乡、箭厂河乡
　　　　　概况及其公共安全现状 ……………………………… 98
　　8.2　许昌县、鲁山县、南召县及须水镇、爪营乡、箭厂河乡
　　　　　城市安全评价 ………………………………………… 100

第9章　结论与启示 …………………………………………………… 102
　　9.1　结论 ……………………………………………………… 102
　　9.2　启示 ……………………………………………………… 103

目 录

附表 ································· 107

 附表一 河南省城市、县城、镇、乡市政公用设施水平综合表
     （2012—2013）······················ 107
 附表二 河南省中小城市安全性评价指标体系表 ······ 108
 附表三 河南省中小城市安全性评价指标体系三、四级
     指标的量化 ······················· 112
 附表四 许昌县、须水镇城市安全指标权重一览表 ····· 118
 附表五 鲁山县、爪营乡城市安全指标权重一览表 ····· 122
 附表六 南召县、箭厂河乡城市安全指标权重一览表 ··· 126
 附表七 许昌县城市安全性评价指标专家打分表 ······ 130
 附表八 鲁山县城市安全性评价指标专家打分表 ······ 135
 附表九 南召县城市安全性评价指标专家打分表 ······ 140
 附表十 须水镇城市安全性评价指标专家打分表 ······ 145
 附表十一 爪营乡城市安全性评价指标专家打分表
     ································ 150
 附表十二 箭厂河乡城市安全性评价指标专家打分表
     ································ 155

附录 ································· 160

参考文献 ······························· 176

后记 ································· 184

第1章 城市安全性的提出及其发展

1.1 研究背景

1.1.1 国家层面

2016年,建设部《中共中央国务院关于进一步加强城市规划建设管理工作的若干意见》中明确指出,"(十九)切实保障城市安全。加强市政基础设施建设,实施地下管网改造工程。提高城市排涝系统建设标准,加快实施改造。提高城市综合防灾和安全设施建设配置标准,加大建设投入力度,加强设施运行管理。建立城市备用饮用水水源地,确保饮水安全。健全城市抗震、防洪、排涝、消防、交通、应对地质灾害应急指挥体系,完善城市生命通道系统,加强城市防灾避难场所建设,增强抵御自然灾害、处置突发事件和危机管理能力。加强城市安全监管,建立专业化、职业化的应急救援队伍,提升社会治安综合治理水平,形成全天候、系统性、现代化的城市安全保障体系。"

随着城市面积的扩张,城市公共事业的发展,城市的人口数量以及城市的工业化发展也有了很大的提升,但是反之,这样的发展也给我们带来了一定的环境污染,以及人口的安全问题等。因此,涉及影响城市人口及公众安全与健康的问题又成了一个影响城市发展的关注热点。

1.1.2 河南省层面

近年来,河南省城镇化率以每年将近两个点的速度稳定上升(图1.1),2015年价值线数据中心对全国31个省级行政区的城镇化率进行排名,其中,上海市的城镇化率排名第一,河南省的城镇化率为46.85%,名列第27位,目前处于倒数第五位,城镇化建设任务仍然十分艰巨。

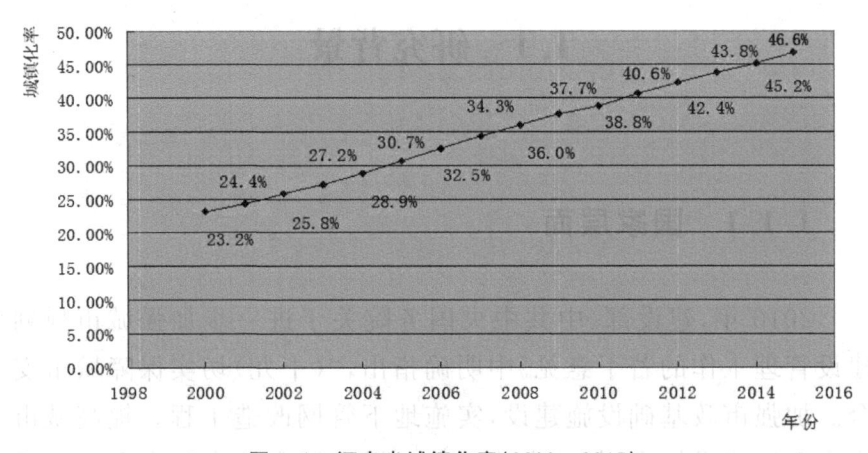

图1.1 河南省城镇化率(2000—2015)

河南省人口基数较大,随着城镇化的快速推进,人口规模这个"量"增加的速度与城市规划建设水平对应的"质"提升的速度必然将出现一定程度的不同步,尤其是随着社会经济的快速发展,人民生活水平的日益提高,安全是人的需求层次中除了基础生理需求之外的首选。目前,城市的物质生活水平使绝大部分城市居民已无需过多地关注基础生理需要,安全成为现代社会中人们关注的焦点问题。维护公共安全是城市社会、经济、文化、环境协调发展的基础,是居民安居乐业的必要条件和创造宜居环境的保证。因此,宜居城市需要有完善的预防与应急处理机制和有效控制危机的能力,可以将自然灾害和人为灾害等突发公共事件造成的损失减少到最低程度,使居住在这个城市的居民有较高的安全感。因而,增强城市的安全性成为城市发展的重要因素,这无疑对城市安全性方面提出了更高的要求。

1.1.3 前期研究

在本课题之前,由河南城建学院王召东教授主持,河南城建学院、郑州大学、河南华创建筑设计有限公司、河南省土木建筑学会4家单位共同参与的课题组完成了《基于城乡规划学的城市安全性评价指标体系研究》(河南省2012年科技攻关项目,项目编号:122102310623),构建了系统的城市安全性评价指标体系,为城市安全提供了重要借鉴。课题组通过定期见面会谈、互联网通讯等手段,在问题的展开到深入分析的全过程中,从城乡规划的视角,定量地评判城市的整体安全性,构建了城市安全评价指标体系,明确了城市安全评价指标量化、权重分配与安全分级的基本算法。提出的系统研究报告经河南省科技厅组织鉴定,达到了国内领先水平。

该课题在分析城市学、城市社会学和城市灾害学的基础上,应用人工神经网络及模糊理论基本原理,综合考虑国内外城市安全评价的影响因素,构建了城市安全指标体系,并按照相关原理对各指标进行了量化,充分体现了抵御灾害、维持城市协调发展和舒适性生活空间的城市特性,选取了灾害风险形势分析、城市总体防灾空间布局、城市公共设施和基础设施的防灾布局、公共安全政策等4个一级指标,构建了城市安全评价体系的理论框架。在城市安全评价理论框架下,研究了各个一级指标的影响因素,使各个指标因素能体现城市的安全状况,在数理统计和借鉴已有研究成果的基础上对各个指标因素的等级划分进行了研究,确立了基于统计的指标因素等级划分,建立起了一套评价城市安全的三级指标体系。

在城市安全指标体系构建中,课题组从灾害风险形势分析、城市总体防灾空间布局、城市公共设施和基础设施的防灾布局、城市公共安全政策等四个方面将影响城市安全的因素进行了分类，并对指标体系进行了深入细致研究，得出了城市安全层次指标体系，还运用模糊层次分析法计算出了主评价指标的权重、用德尔菲法计算出了次指标的权重。

本课题是在《基于城乡规划学的城市安全性评价指标体系研究》（河南省2012年科技攻关项目，项目编号：122102310623）的基础上，结合河南省中小城市的具体特点，展开的相应的研究（河南省2014年重点科技攻关计划项目，项目编号：142102310028）。

1.2 城市安全的重要性

随着工业化和经济市场化的发展，人流、物流、信息流都相对集中到了城市，只有使得每一个城市都成为平安的城市，国家安全生产的状况才会实现基本性的好转。国家对城市安全倡议支持，采取了一系列有效的措施来推动这一活动的开展。

随着社会的转型，在政治、经济和社会等各个领域也都发生了不同程度的危机事件。无论是非典的流行、汶川地震的发生等人为或自然灾害，抑或上海跨年夜踩踏、天津港爆炸等群体性事件，一些非安全因素频频产生放大效应，对建设和谐社会、实现小康社会目标形成现实威胁。

面对当前国内国际形势的变化，中国城市统一的危机防范与处置系统尚未完成，危机应对缺乏必要的人力与物力支持，综合性风险评估薄弱，危机管理理论研究不深，决策水平不高，应对危机的社会参与度不足，信息共享度欠缺，法律法规的制定有待完善，在整个危机管理中还存在诸多亟待解决的重大问题。

尤其是城市发展的固有矛盾与传统安全、新矛盾和非传统安全多重问题交织在一起，使城市安全问题更趋复杂。有鉴于此，我们必须以科学发展观作为规范城市发展与安全的指导方针，确立坚持以发展来解决矛盾的理念，"以人为本"推进城市发展与安全的理念,城市各个领域全面协调可持续发展的理念,统筹兼顾、妥善处理各种利益关系的理念,以"重在防范,有备无患"的意识,解放思想,求真务实,努力使城市发展与安全走上科学发展的道路。

我国的城市由于分布较广,并且面积较大,导致其致灾因素比较多,城市承灾体相对较为脆弱,是属于自然灾害的多发国。全国城市中,地震烈度大于或等于七度的占到了45%左右,而76%以上的工农业产值,70%以上的大城市以及半数以上人口都处于气象灾害、海洋灾害和地震灾害等自然灾害较为严重的沿海地区及东部平原丘陵。我国在自然灾害以及城市公共安全方面都做了很多研究工作,但是,由于自然灾害的可预测性较低,突发性很强,并且城市的综合抗灾应急能力比较低,导致当今出现了很多自然灾害严重威胁城市公众的生命和财产的事件。

由于我国人口密度较大,城市中一旦发生较大的自然灾害或社会治安事件,将引发大规模的人员伤亡和财产损失。1976年,发生在唐山的地震,对唐山市造成了严重的破坏,据统计,共24万余人死亡,并且造成了16万余人重伤,直接经济损失高达100亿元。在1998年发生的上海市甲肝传染病是我国近几十年来患者最多的一次传染病灾害,共导致30万人患病,严重影响了城市的发展进程,带来了不好的社会影响。2003年的SARS疫情使得我国的经济、政治、文化乃至社会生产与生活的各个方面受到严重影响。在几个月的时间里,SARS在多方面形成了一个巨大冲击的复合型危机,严重的影响着社会秩序,阻碍了社会的进程。2008年的汶川8级地震,是30年来最大的一次地震灾害,且辐射到了周围的城市,包括成都、重庆、西安、绵阳等特大城市,造成死亡人数近7万人,受伤近30万人,直接经济损失高达近1万亿。这些自然灾害都严重影响着城市的发展水平,阻碍了城市的发展速度。

从以上事例可以看出,城市的安全是城市化发展中必须关注,同时,必须强烈保护的关键要素,是城市化进程的前提条件,只有建造安全的城市公共环境,才能提及工业化发展,科技化发展。要做到城市公共安全,必须强调关注生命,关注安全意识,关注设备设施安全,关注自然环境安全,关注生态安全。要想彻底地解决城市安全问题是不太现实也是不可能的,但是,正如安全生产工作所强调的基本思路一样,我们需要的是在安全问题发生之前去消除这些可能导致事故的隐患和可能性,使其进入下一个安全周期,如此以规避安全风险。

1.3 国外相关研究

2015年英国《经济学人》公布了一份全球城市安全指数报告,该报告中列出了全球最安全的50大城市。其中,日本东京、新加坡与日本大阪分列前三位。列入观察的中国城市有7个城市,排名最高的是11位的香港。中国内地城市中排名最高的是30位的上海。报告称,这项排名主要根据数字安全、卫生安全、基础设施安全和个人安全四个方面来进行评分。这份报告题为"数字时代城市安全评估",数字安全占到了很大的比重。报告定义数字安全为"城市网络安全的质量、身份盗窃的频繁程度以及其他涉及数字安全的指标"。

在许多发达国家,目前也高度重视城市安全问题,以发达国家美国和日本为例,分别对其城市安全研究现状进行分析。

1.3.1 日本城市安全研究现状

(1)相关法律法规体系和研究机构齐备。日本是一个自然灾害频发的国家,地震、海啸、台风等自然灾害在国家历史上曾多次出现。在这种自然条件中,日本形成了一套较为健全的灾害应对体系,截至目前,日本共制定了城市安全方面的法律法规227部以上,建立了相对完善的法律法规体系。

1995年日本阪神大地震后,1996年在神户大学成立了"都市安全研究中心",这标志着日本关于城市安全问题的研究达到了新的高度,其他研究机构如1951年成立的京都大学防灾研究所和2003年成立的立命馆大学历史都市防灾研究所等。整体而言,日本国内的相关研究机构数量众多。

(2)重视相关规划的编制和实施工作。日本防灾规划的最高层次是国家层面的"防灾基本规划",在此规划指导下,政府各有关部门各自制定本部门的"防灾业务规划"。同时,日本的区域防灾规划是指灾害可能涉及的范围制定的区域性质的防灾规划,在区域防灾规划指导下,各下属地区再编制本地的地区防灾规划。

(3)民间防灾机构数量众多。日本目前有日本防灾士会、日本防灾士机构、中部地震灾害复兴基金会等非政府组织(NGO),随时准备在灾害发生时投入救灾服务。主要致力于灾后重建、灾民生活救助、心理康复、恢复生产等工作,此类机构在日本的活动十分活跃。

(4)注重新技术的应用。在地震、海啸、台风等自然灾害防治方面,日本均采用了预警技术,如2008年日本东北部的岩手、宫城等地发生里氏7.2级地震前10秒,日本气象厅通过地震横波与纵波时间到达差的间隙,利用地震探测仪首先探测到了纵波,在主震到达受害地域前发布了地震预报,虽然留出的时间很短,但在灾害发生的关键时刻,仍然给人们提供了宝贵的逃生机会。

1.3.2 美国城市安全研究现状

(1)建立了完备的法律法规体系。美国于1976年通过了《全国紧急状态法》,在该法下建立了有效的危机应急处理机制,并成立了重大突发事件发生时的最高领导机构——联邦应急事务管理署(FEMA)。除此之外,还出台了若干专项防灾法案,如《洪水灾害防御法》《地震减灾法案》等,构成了一系列较为完整的法律法规体系。

(2)专项规划已形成体系。美国的城市安全规划包括"综合防灾减灾规划"和"应急行动规划",前者主要出于安全防御的考虑,后者则强调紧急情况的处理。同时,在美国的减灾法案中要求地方政府组织编制下属地区的防灾专项规划,在规划编制过程中,有关部门将组织进行灾害调查,对灾害风险进行合理评判,以进一步增强规划编制的合理性。

(3)机构分级明确,联动机制好。FEMA设置在国土安全部下,直接受总统领导,在紧急情况发生时,FEMA根据事件特点,具体协调各单位间的关系,帮助地方政府和州政府建立应急处理机制和集中处理突发事件。FEMA于1996年颁布了《综合应急行动规划导则》,导则明确了在紧急情况发生时应急行动规划中应包含的必要性内容。

(4)公众参与程度高。美国的灾害教育在国民成长过程中开展的时间早,普及面广,公众整体安全意识强,参与热情高。如在2008年美国密西西比河洪灾中,沿岸的许多居民自发投入抢险。同时,美国的社会组织作用显著,如志愿者协会、社区救灾反应队、美国红十字会、教会等紧急救援组织,在灾害发生时,将参与到救援及重建工作中,在维护当地安全过程中发挥了重要作用。

此外,国际社会对城市安全问题高度重视。城市安全国际学术研讨会于2007年开始举办,该会议于2007年在我国南京和2010年在日本神户举办两届后,第三届会议再次在南京举行,于2012年由东南大学城市工程科学技术研究院主办。另外,世界城市论坛由联合国人居署设立举办,每两年举办一届,是全球人居问题研究第一大会,于2006年在温哥华举行的第三届世界城市论坛提出了"The Secure City",即安全城市的提议,进一步在全球专业领域内提升了城市安全问题的重要性。

总体而言,城市安全已在全球成为热点问题,国外发达国家城市安全研究起步较早,已取得了一些成绩:城市安全立法及规划编制体系相对完善;普遍建立了安全与减灾科技体系,遥感技术、信息技术等高新技术已广泛应用于城市安全的全过程；除此之外，政府与民间的城市安全意识强烈，在城市危机情况发生时，公众及社会组织的参与度和积极性高。

1.4 国内相关研究

目前，在人才培养方面，国内许多高校开设了防灾减灾工程及其防护工程、安全工程等专业，为国家输送了大批的专业人才。同时，许多城市安全研究机构已在我国成立，如中国管理科学研究院城市公共安全战略研究所、防灾科技学院、清华大学防灾减灾工程研究所、浙江大学防灾工程研究所、哈尔滨工业大学城市与土木工程防灾减灾研究中心、上海交通大学安全与防灾工程研究所、中南大学防灾科学与安全技术研究所、上海防灾救灾研究所、兰州理工大学防震减灾研究所、1997年在北京成立的非营利组织（NPO）——中国城市公共安全研究中心等。尤其是2005年9月，在西安召开的中国城市规划学会年会上，中国城市规划学会城市安全与防灾学术委员会正式成立，并落户北京工业大学北京城市与工程安全减灾中心，这标志着我国城市安全研究在学术界得到了进一步的重视。

1.4.1 理论研究

以科研论文为例，借助中国知网，对2015年前发表的篇名含有"城市安全评价"关键词的期刊论文及优秀博硕士论文进行检索，共检索到与城市安全评价问题相关的论文27篇，其中硕士学位论文11篇，可以看出，截至目前，关于城市安全问题的相关研究非常有限。笔者从论文数量、研究方法、研究视点、研究内容几个方面对以往相关研究进行了分析。

首先，论文数量方面。2007年，刘克会发表了《首都城市运行安全能力评价指标体系研究》一文,至2015年期间,其他年份均有相关论文出现,且从总体趋势来看,关于"城市安全评价"问题的研究成果数量基本呈上升趋势,说明相关研究已成为热点。

其次,研究方法方面。由于是对"城市安全评价"关键词进行搜索,定量研究在相关研究中占主导地位,27篇论文中,定性研究方法被使用6次,定量研究方法被使用30次,定量研究方法占有明显的主导地位。其中,在定量研究方法中,层次分析法使用数量较多,其余定量研究方法有德尔菲法、模糊综合评价方法、BP神经网络评价方法、主成分分析法、粗糙集法、逼近理想点法等。

再次,研究视点方面。分为评价方法、管理、社会、技术视点。评价方法视点侧重于城市安全性的评价方法和手段;管理视点侧重于城市安全管理问题的研究;社会视点侧重于城市安全带来社会问题的思考;技术视点则主要关注增强城市安全性的技术方法。在27篇论文中,评价方法视点被使用26次,管理视点被使用12次,社会视点被使用8次,技术视点被使用3次。可以看出,绝大部分研究是从评价方法方面切入的,从综合视点切入的相关研究数量不多。

最后,研究内容方面。分为城市公共安全、城市基础设施安全、犯罪安全、灾害安全、能源安全、城市安全评价体系、城市安全政策等。其中,城市公共安全被涉及19次,城市基础设施安全被涉及4次,犯罪研究被涉及2次,灾害安全被涉及3次,能源安全被涉及2次,城市安全评价指标体系被涉及24次,城市安全政策研究被涉及5次。可以看出,出于定性分析角度关于城市安全指标体系及城市公共安全的研究内容较多,其他内容的相关研究数量相对较少。

2005年,中国地质大学罗云教授等在《城市小康社会安全指标体系设计》一文中提出了安全小康社会的理念,结合建设安全小康社会的战略目标,从社会稳定、社会治安、公共场所安全、公共卫生、交通安全、生产安全、食品安全、减灾防灾、人口安全、环境安全、能源安全与宏观综合12个方面,建立起了打造小康社会的城市安全指标体系。

2009年,武汉理工大学胡树华等将城市安全分为食品安全、环境安全、生产安全、经济安全和社会安全5个方面,利用模糊层次分析法,以某城市食品安全为例进行分析评价。

2010年,北京城市学院副教授刘承水,从城市的脆弱性和抗灾能力上,对城市公共安全进行了指标划分。在城市脆弱性上,划分为人为事故、以自然事故形式表现的人为事故、自然事故;在抗灾能力上,划分为卫生设施、管理能力、社会防御能力、经济能力。利用人工神经网络方法,以《北京市统计年鉴2007》数据为例,对城市公共安全进行分析评价。

2012年,中国安全生产科学研究院张英喆等将安全保障型城市评价指标体系分为3个类别,分别为总体建设目标指标、安全生产评价指标、人民安居乐业评价指标,利用德尔菲法对目标城市安全保证能力进行评价。

2015年,中南大学杨瑞含等将城市公共安全划分为城市灾害要素、城市基本特征、城市安全应急3个方面,利用模糊层次分析法对目标城市安全性进行了分析。

除此之外,还有部分研究者利用GIS、RS等方法手段,辅助以具体评价方法,对城市安全性进行评价。综上可以看出,目前关于城市公共安全评价尚未有一种或几种固定的方法,关于指标体系的划分也缺乏固定的模式。

1.4.2 实践研究

自2012年开始,《中国城市竞争力报告》中出现了中国最安全城市排行榜,其中,安全城市的主要特征是:当年无重特大安全责任事故,社会治安良好,投资环境优越,生产事故少发,消费品安全,生态可持续发展,能为市民、企业、政府提供良好的信息网络环境和强有力的信息安全保障。《GN中国最安全城市评价指标体系》由包括社会安全、经济安全、生态安全、信息安全在内的4

项一级指标、10项二级指标、59项三级指标构成。

此外,在实践研究中,主要做了以下工作:

(1)近年来在我国抗震、防洪、消防等专项规划中,通过建立分级的指标体系,赋予不同因子不同的权重,对不同城市的专项安全性进行量化评价,为城市中防灾规划的编制奠定了科学基础。

(2)厦门、合肥、淮南等城市首先开展了城市综合防灾规划编制工作,为其他城市的实践研究起到了带头作用。

(3)城市应急避难场所建设得到了政府和民众的高度重视,城市防灾设施得到了进一步完善。

(4)城市摄像头和高新技术手段在犯罪案件侦破中的应用日益普及,大大提高了破案的科学性。

(5)建筑耐火性能、火灾探测报警、灭火救援技术等消防科学技术得到了迅速发展,为火灾预防、救援进一步提供了便利性。

1.4.3 存在的问题与不足

从理论和实践研究两方面的基本情况可以看出,城市安全得到了全社会的广泛关注,研究数量基本呈每年逐渐增加的态势,研究成果数量和水平都得到了提高。虽然国内相关研究日益成为热点,且取得了一些研究成果,但仍存在着一些问题和不足。

(1)研究成果整体质量有待进一步提高。从对国内外相关论文的整理中可以看出,研究方法方面目前仍然以定性研究为主,定量研究数量不多,同时,在相关定量研究中,往往停留在某个点上,即以某城市为例的研究,覆盖某种类型城市的研究非常有限;研究视点方面,从某一个或几个视点切入进行的研究论文数量较多,从综合视点出发进行研究的论文数量较少;研究内容方面,对城市安全政策的定性研究占主导地位,对城市的整体安全进行评价的研究成果不多。

(2)国内重大相关研究课题数量偏少。虽然城市安全性一直是中外城市关注的重要课题,但近年来,在国家级层面的重大研究课题上,相关研究数量有限,如中国社会科学院城市发展与环境研究所承担的国家自然基金研究课题"长三角城市密集区气候变化适应性及管理对策研究"、中国地震局承担的国家自然基金研究课题"近断层地震动对城市埋地管道影响的研究""城市与工程减灾基础研究"、清华大学防灾减灾工程研究所承担的国家自然基金研究课题"基于GIS的城市综合减灾评估与对策研究"等课题。总体而言,国家级别的相关研究课题数量偏少。

(3)城市安全专项规划编制数量不足。对于具体城市而言,目前,只有少数城市开始着手编制城市专项防灾规划,如攀枝花市城市抗震防灾规划、长春市城市防洪规划、鄂州市全域消防规划等。同时,目前我国主要城市的防灾规划大部分是单一灾种的专项规划,以整个城市或地区为系统,统筹兼顾城市整体安全性的综合防灾规划数量有限。

(4)高新技术应用水平较低。高新技术虽然近年来在我国城市安全规划中强调应用到动态分析、预测、决策及管理全过程,规划编制技术上强调使用GIS、RS、GPS、航空摄影等高新技术,为我国城市防灾工作向高新技术化、智能化和数字化方向发展提供了技术支撑,但高新技术在城市灾害预防、救援等方面的应用与部分国外发达国家相比仍存在着较大差距。

(5)公众参与程度不高。我国公众的防灾意识普遍较弱,灾害发生时人们"等、靠、要"的意识较强,2012年北京暴雨期间,如果公众防范灾害的意识充分,相关知识和能力在灾害发生前得到提高,那么,造成的生命安全损失将被降低。同时,防灾民间社会组织数量很少,灾害发生时,基本都是政府组织相关部门进行救险,公众和民间社会组织在灾害发生时发挥的力量羸弱。

1.5　城市安全研究新动向

进入新世纪以来,城市安全问题更加复杂多变。一方面,随着人类住区设施的不断完善,人、自然和环境三者之间的关系变得越来越复杂,影响城市的因素增多;另一方面,因为市场经济的发展和人口流动性的增加,社会问题凸显,人为作用对城市的影响不断显现并强化,现行的和潜在的破坏比以往任何时候都要严重。

1.5.1　国际社会对城市安全的关注

人类住区防灾抗灾能力的提高,人居环境的安全都已成为人类公共关注的社会问题。1987年联合国召开的减少城市不安全性会议,1989年举行的提高城市安全度会议:欧洲和北美洲城市安全和预防犯罪会议,以及1989年和1991年举行的欧洲城市安全论坛、加拿大城市联合会和美国市长会议,都在于寻找行之有效的手段来保证市民人身的安全和社会治安的稳定。1994年,联合国发展计划报告提高了人类关注安全的程度,其关注的侧重点是平民和居民生活的安全。20世纪90年代联合国决定于每年选定一个"国际减灾日"主题,目的是最大限度地调动各国公众的防灾减灾自觉性,提高城市安全预防灾害能力。1996年"国际减灾日"的主题便是"城市化与灾害"。而1998年,世界人居日的主题为"更安全的城市"。2005年9月国际减灾大会在北京召开,在于提高国家和社区的减灾能力。

1.5.2　城市安全研究的最新动向

(1)自然灾害类城市安全问题凸显。自然灾害一直是人类社会面临的破坏性最强的安全问题,并且近年来自然灾害的发生呈现不断增长的趋势,根据联合国相关机构统计,在世界范围内自然灾害的平均数量从20世纪50年代的平均30例/年增长到2000年的400例/年,遭受的平均经济损失由70年代的120亿美元/年增长到2000年830亿美元/年。自然灾害强度与广度的增大为城市安全带来新的挑战,城市自然灾害类安全问题呈现出新的态势。

城市化的非理性高速推进刺激了地区经济的发展、膨胀,使人们盲目自信,忽略城市抗灾脆弱性。该问题引起了西方城市学者的关注,并重新审视自然灾害威胁下的城市安全。城市化的过度高速推进,使城市的生态与物流支撑系统庞大而脆弱,加剧了城市、尤其是巨型城市抗击自然灾害袭击的脆弱性。

同时,近年来随着全球气候变化成为不容忽视的事实,并正在产生着一系列严重的后果,如何应对气候变化日益显出其必要性和紧迫性。尤其在2009年12月哥本哈根联合国气候会议后,在城市发展中减少温室气体排放,降低能源消耗,成为全世界城市共同关心的议题。"低碳城市"、"零碳城市"、"共生城市"等新的城市永续模式应运而生。

(2)恐怖袭击类城市安全的浮现。20世纪后期,恐怖主义袭击在世界范围逐渐增多:1995年发生在东京地铁的沙林毒气恐怖袭击事件、美国俄克拉何马城的汽车炸弹恐怖袭击事件、1996年发生在英国曼彻斯特炸弹恐怖袭击事件、2014年中国昆明火车站暴恐事件,均造成巨大的城市居民伤亡。

21世纪初,城市化进程在全球的快速推进,世界半数以上的人口居住在城市—发达国家城市人口比例更大(美国80%,英国89%),2001年发生在美国纽约的"9·11"恐怖袭击事件,造成了3500人死亡的城市巨型灾难,城市恐怖袭击类安全问题清晰地凸显在世人眼前,城市恐怖主义被国际社会界定为新型城市安全问题,受到普遍重视和关注。此后,全球范围城市恐怖袭击的次数与破坏烈度都在稳步上升。城市面临恐怖袭击的脆弱性受到国土安全、城市规划、城市管理学者及城市基础设施工程等各界学者的重新审视,一些学者对城市潜在恐怖袭击的类型、特性、风险等进行重新梳理与评估,一些学者对未来恐怖袭击的模式与方法进行了模拟场景预测,这些研究都进一步深化了人们对城市恐怖袭击的理性认识。

作为最具威胁性的城市安全新问题,城市恐怖袭击造成的危害影响是多重而深远的。首先,人的生命是无价的,大量人员的伤亡是最为沉重的损失;其次,城市恐怖袭击活动造成建筑工程与基础设施工程的破坏和瘫痪是另一类型的重大损失,对城市生活的恢复与正常运转带来深重而长期影响;再次,城市恐怖袭击还严重打击当地就业市场,造成城市就业的下降;最后,城市恐怖袭击造成当地民众高强度弥漫性心理恐慌,严重影响受攻击城市的投资、商业与消费等经济活动的正常健康运行。

(3)技术灾害类城市安全的突袭。城市的巨型紧凑化与高度智能化趋向,带来对维持城市运转的复杂基础设施体系的高度依赖。管理这些庞巨复杂的基础设施体系需要高水平的技术专家的高效工作,人为技术管理的疏漏和技术体系设计的瑕疵可能造成高负荷运转时系统的崩溃,从而导致巨大的灾害,为城市安全带来新的风险。尽管这类技术问题灾害风险看似无所不在和最易预防,但带来的安全威胁风险也不可低估。2003年8月英国伦敦的电力供应体系故障、2012年7月北京暴雨导致城市部分地区电力瘫痪等事故均带来巨大的经济损失和安全恐慌,令人警醒。

1.5.3 城市安全发展与脆弱的承载力

城市安全发展是指城市现代化进程以安全为准则的发展和建设思路。安全发展不排斥经济发展及增长,它追求的是把控全局的城市可持续发展的前提下,有安全防灾减灾规划的城市空间与布局。基于不同的学科视角,对安全城市有着不同的理解:

1)从灾害学看,安全城市的提出,体现着人们防灾、减灾的愿望。安全城市提出了如何预防灾害、减少灾害带来的损失,使城市健康可持续发展。

2) 从心理学看,安全城市反映了城市居民的安全心理需求,按马斯洛的需要层次论,一旦生理得到满足便产生了安全需求,城市安全是居民安全生存的表征。

3) 从社会学看,安全城市的建立符合社会良性可靠运行和协调发展的时代需求。事实上,城市社会结构各部分的平衡与和谐关系,是社会正常运转的基本条件,一旦出现紊乱及不协调,将造成城市不安全的"病态"状况。

4) 从文化学看,安全城市社会的形成不仅靠管理的控制,也源于公众文化的自觉。十九大报告中多次提到的"文化自信"就是基于文化安全的理念提出的。

5) 从经济学上看,城市的发展是以经济发展作为基础的,因而没有特殊原因,危害城市经济的良性发展也是不安全的发展方式。

现在城市系统中脆弱性与承载力不足的现象日益增多,这从总体上降低了城市防灾减灾的本质安全能力。在《北京城市总体规划》(2004—2020年)防灾篇中,已经从空间布局上提出要研究城市安全容量问题。在城市的建设发展过程中,其容量不是无限的,而是有限的,这就涉及到城市的承载力问题。在某种意义上来说,城市的承载力是有限的,超过了这个有限的度,城市安全性就会下降。反之亦然。

1.6 研究目的、意义

城市化进程是解放生产力和积聚财富的过程,又是积聚风险和诱发危机的过程。城市规模越大,功能越复杂,潜在的危机也就越容易诱发。一方面,经济社会的基本功能在全方位扩展,对全社会的贡献增大,人民生活水平不断提高;另一方面,城市在人口、资源、环境、公平公正、公共保障等方面社会矛盾日益显露,处理不当就容易致使经济失调、社会失序、心理失衡,危及到城市安全和稳定。

建立城市公共安全评价体系,对城市公共安全进行安全现状的评价,其研究的主要目的体现在以下几个方面。

(1)服务于城市公共安全的建设。城市公共安全的评价是对一个城市的公共安全状况进行一个全面的拆分、解读,可以让我们充分地了解城市公共安全形式,了解目前面临的挑战以及存在的问题。通过这些问题的暴露,我们可以制定相应的方法对其进行整改,达到矫枉过正的效果。由于在城市公共安全分析中,我们会用到城市灾害理论,系统工程理论等学术知识,因此,我们可以更为准确、有针对性地对后续的城市公共安全建设提出相应的意见,使其不盲目,不做无用功。

(2)提高安全责任心和意识。通过城市安全评价,让大众可以了解当前的安全状况,了解当前城市存在的安全隐患,起到一个警惕的作用,让大众能够清晰地意识到城市安全一旦发生了危机,可能影响到生活、生产的方方面面,这样才能够提高民众对公共安全的危机意识,促进公民责任心,使得大众对于城市公共安全的建设更为积极,同时,带动了公众安全意识的提高,这样一来,自然就提高了城市公共安全的管理水平。

(3)提高城市安全体系建设。通过城市安全评价,可以识别系统中存在的薄弱环节和存在的危险源;通过城市安全评价,可以找出一些事故发生的原因,依照原因再通过系统的方法可以查清产生事故背后的连锁因素。如此一来,通过评价的实施,可以将城市安全的管理体系由单一的点对点式的管理转变为系统性全面的管理,从根本上提高城市公共安全建设的能力。

(4)规范城市的安全行为。城市公共评价对于规范城市的安全行为发挥着巨大的作用。对城市进行公共安全评价,并把各个评价结果进行横向对比,将能很好地规范城市的安全行为。

(5)支持城市安全管理决策。城市公共安全评价是建立综合的防灾减灾体系,当前,有很多能运用到城市安全管理中的工具,例如统计学的相关理论、GIS 技术、数值模拟技术、随机过程理论和模糊数学理论等。这些技术的运用都可以高效地提高城市公共安全的管理水平。

因此,对于河南省中小城市安全性评价而言,构建城市安全评价体系是一件当务之急的事情,其主要意义在于:在合理构建城市安全评价体系的基础上,对于河南省若干中小城市,我们可以用城市安全评价体系来衡量一个城市的安全程度,可以为城市安全比较提供一个合理的平台,还可以为城市安全管理者提供依据。

1.7 研究方法、技术路线

1.7.1 研究方法

(1)定量和定性分析相结合。在对河南省若干中小城市分类调查的基础上,采取量化分析的方式进行城市安全性评价,基于此,对相关政策及措施进行相应的定性分析。

(2)理论研究和实证分析相结合。一方面,根据城乡规划学、防灾减灾学等学科的基础理论,结合社会学、经济学、管理学、地理学、建筑学等学科的相关理论,梳理关于城市安全评价的基本理论方法;另一方面,对具体实际案例进行城市安全性评价的实证研究。

(3)综合概括与典型分析相结合。一方面,从宏观角度对河南省中小城市安全问题进行分析;另一方面,深入调研并详细分析河南省不同类型中小城市安全问题的基本情况并开展具体研究。

1.7.2 技术路线

本研究属于基础理论与实践研究并重的课题,采用基础理论、数学建模二者相结合的研究方法。基础理论研究在分析城市学、城市社会学和城市灾害学的前提下,以城乡规划学理论为基础,坚持"以人为本"推进城市发展和安全的理念,城市各个领域协调持续发展的理念,统筹兼顾、妥善处理各种利益关系的理念,应用层次分析法等分析方法,综合考虑国内外城市安全评价的影响因素,在前期研究(河南省2012年科技攻关项目"基于城乡规划学的城市安全性评价指标体系研究",项目编号:122102310623)基础上进一步完善城市安全指标体系,并按照相关原理对各指标进行量化,以河南省若干中小城市为例,从实践角度对其城市安全性问题进行研究。研究内容如下。

(1)城市安全是一个属于城乡规划学、防灾减灾学、管理学、社会学等学科相互交织的学术范畴,它需要充分综合各个学科的相关方面来做系统的分析。本研究从城市安全的基本内涵出发,充分体现抵御灾害、维持城市协调发展和舒适性生活空间的城市特性,完善了城市安全指标体系。

(2)在城市安全评价理论框架下,进一步深入研究了各个指标的影响因素,使各个指标因素能体现城市的安全状况。在数理统计和借鉴已有研究成果的基础上,对各个指标因素的等级划分进行了研究,确立了基于统计的指标因素等级划分。

(3)以层次分析法为基础,结合专家打分,对城市安全影响因素进行权重计算,并就河南省若干中小城市安全性进行比较分析。

1.8 研究的创新点

本研究是在前期研究(河南省2012年科技攻关项目"基于城

乡规划学的城市安全性评价指标体系研究",项目编号：122102310623)的基础上,结合国内目前的现状,从城市安全的角度来展开,从以下方面做了进一步的创新。

(1)在区域层面,以若干中小城市为例,对其城市安全性进行评价,在相关领域研究属于首次。

(2)在原有研究的基础上,深化了具有一定普遍意义的城市安全评价指标体系。

(3)系统梳理了基于城乡规划学视角的城市安全性评价内容。

第 2 章 城市安全释义

2.1 学术界对于城市安全的认识

从字源学的角度出发,对城市的概念进行研究,在《礼记·礼运》中记载,"城,廓也,都邑之地,筑此以资保障也。""城",是城市防御的意思,也表明了城市的出现最早即是带有城市防御功能出现的,即考虑到了城市的安全性,如我国河南省开封市、湖北省襄阳市至今留存的城墙和护城河,都反映了这一特点。根据美国学者马斯洛的需求层次理论,人类的基本需求是生理需求和安全需求,在此基础上才有更高层次的社交、尊重和自我实现需求。因而,城市安全理所当然地成为城市中的基础问题。

长期以来,国内外对于城市安全一直开展着长期而深入的研究,尤其是近年来,国内外频繁出现一些影响城市安全的事件,如2001年美国的"9·11"恐怖袭击,2003年SARS病情蔓延,2004年印度洋海啸,2011年日本海啸引发核辐射,2012年夏季北京暴雨及我国北方部分城市雾霾天气频繁出现,2013年H7N9病毒传播、四川芦山地震,2014年上海外滩踩踏,2015年天津港爆炸事件等。基于此,城市安全的重要性进一步凸显。

关于"城市安全性评价"问题的研究主要开始于21世纪,最初的研究多以定性研究为主,对城市安全问题进行分析和探讨,随着相关研究的推进,不同学界的学者对城市安全进行不同界定,并开始采用定量研究的方法,对城市安全问题进行探讨和研究。

中国灾害防御协会副秘书长金磊在《中国城市安全警告》一书中将城市灾害源归纳为地震灾害、洪灾、气象灾害、火灾与爆炸、地质灾害、公害致灾、"建设性"破坏之灾、高新技术事故、噪声灾害、室内"综合病"、古建筑防灾、城市疾病及流行病灾、交通事故、工程质量之灾共计 14 类,将城市灾害的类型进行了分类,描述了大部分涉及城市公共安全的灾害因素。

同济大学戴慎志教授认为,城市安全主要体现在城市防灾、治安、防卫等三大方面,危害城市安全的因素众多,主要归类为自然灾害、人为灾害、袭击破坏等三大类。自然灾害主要由自然原因引发的。人为灾害是由于人们疏忽、管理不善、设施使用不当、设备老化等原因引发的。袭击破坏是由敌方攻击、恐怖分子袭击、不良分子犯罪等原因引发的。

中国城市规划协会任致远教授认为,城市安全包括自然灾害、城市火灾、工业灾害、地下管线事故、交通事故、其他事故等方面。其中,城市安全问题产生的原因有:建筑密集、人口密集、车辆密集、选址不当、基础不牢、防护不足、地下管线混乱、管理失控、隐患丛生、建筑质量差、设防标准低、年久欠维护、防灾科普少、安全意识弱、监控缺失等。

可以看出,不同的学界对于城市安全具有不同的认识,下面就不同的学科视角对城市安全的理解进行分别阐述,主要有以下几种观点。

2.1.1 灾害学的观点

基于灾害学的视角,城市安全的提出是伴随着防灾、减灾的目的。从古至今,灾害伴随着人类整个发生、发展的历史,人类也一直不间断地与各种天灾人祸进行不懈的斗争。尽管对灾害的定义不同,但是在下列两个方面取得了一致:一是灾害是一种相对来说的突发事件。在灾害出现时,它所造成的威胁会严重破坏社会的正常活动,危及人们的正常生活和自然环境,危及人们的生命和财产;二是人类可以在灾害发生之前和之后采取有关措施以减轻灾害的影响。一系列的研究表明,灾害一般具有以下几个阶段:警告、威胁、鉴定、营救、修补和恢复。具体的集体行为往往与特定的阶段联系在一起,而各个阶段发生行为的确切形式则受到前一阶段的影响。一般来说,灾害前的社会易损程度、灾害的性质和特征等决定了灾害对于社会的破坏影响能力。同时,基于不同的灾害特点和不同的社会组织形式,灾害对于社会的破坏影响能力也不尽相同。

由此可见,基于灾害学的视角,城市安全向我们提出如何预防灾害、减少灾害带来的损失,使城市社会健康持续发展,避免财产、生命的巨大伤亡的建议。

2.1.2 心理学的观点

从心理学的角度说,城市安全反映了城市居民的安全心理需要。心理学家亚伯拉罕·马斯洛在他的需要层次理论中指出,驱使人类的是若干始终不变的、遗传的、本能的需要。这些需要同时是心理的,而不仅仅是生理的,它是人类真正的内在本质。在一个健康人身上,它往往处于静止的、低潮的或不起作用的状态,但如果缺少它会引起疾病。在允许自由选择的情况下,丧失它的人宁愿寻求它,而不是寻找其他的满足替代。

一旦生理需要得到了充分的满足,就会出现第二种需要——安全需要,例如对安全、稳定、依赖的需要,对免受恐吓、焦躁和混乱折磨的渴望,对体制、秩序、法律、界限的向往等。当安全的需要得到满足后,接下来便是归属和爱的需要、尊重的需要、自我实现的需要。在这几种基本需要当中,呈现层级排列,生理需要处于最低层级,自我实现的需要位于最高层级。只有在低一级的需要得到满足或至少得到部分的满足后,高一级的需要才会产生,才开始具有意义。由此可见,城市安全是城市居民在基本生理需要得到满足之后的又一心理迫切需求。

2.1.3 社会学的观点

从社会学的角度说,城市安全的提出符合社会良性运行和协调发展的时代需要。在当时,社会已从传统的封建社会向现代资本主义社会转型,社会生产力得到突飞猛进的发展,但资本主义的确立,也越来越多地暴露出社会的许多弊端和危机。资产阶级启蒙思想家所设想的理性王国,并没有带来普遍的自由、平等、博爱,这令一部分资产阶级思想家感到失望与不满。为此,孔德提出社会学的主题是研究社会秩序和社会进步。在他看来,社会结构各部分的平衡与和谐的关系,是社会正常运转的基本条件,一旦这种关系遭到破坏,社会系统的运转就会发生障碍,造成社会病态。

例如,在一些资源型城市转型发展的过程中,由于"资源诅咒"的影响,部分企业停产或破产,随着自然资源行情的不断变化及受到产业结构调整的影响,资源型城市发展的可持续性受到相应的威胁,城市贫富结构分化,城市贫困问题凸显,城市安全同样受到威胁。

2.1.4 犯罪学的观点

若干世纪以来,城市一直就是犯罪的衍生地,城市当局历来不得不同犯罪作斗争,他们在其管辖的范围内所作的各种执法上的尝试只是导致犯罪的形式改变而不能使犯罪的总数减少。社会发展的进程慢慢把犯罪从一个孤立的、主要影响城市中心的社会问题,提高到现代社会的主要问题。因为由于社会的日益城市化,曾经使一度影响城市居民生活的局部问题变成影响现代生存的性质和阻碍许多国家未来发展进程的问题。社会是一个复杂的、运动着的系统,它的各个部分都受着社会规则的协调和控制。一旦社会生活中某种社会规范缺失或失效,会给个人带来社会义务观念的混乱,每个人只关心自己的兴趣、利益、自由、权利等,并会产生犯罪心理上的中立化倾向,即个体能够摆脱从童年起就已习得并内化的道德规范,以确信并证明自己的违法犯罪行为是正当的,在心理上否定行为的危害性。个体破坏法律,但在承认法律的前提下自我辩解,以中和内外的控制力,而具有不受谴责的自我辩护的理由,从心理上摆脱法律道德的束缚和社会的控制。因此,社会面临巨大的分裂性。人与人之间的联系变得松散,社会系统的控制力和威慑力失效,阻止成员犯罪的可能性就越小,社会解体程度与犯罪率呈现正比关系。

犯罪生态学理论重视人与社区环境的相关性,重视人对社区环境的反应,重视社区环境对个人行为的影响。作为犯罪区域,往往具有下列特征:人口数量大、密度高、异质性强,居住条件恶劣、经济畸形发展、城市管理松散。可见,在犯罪学家看来,城市是与犯罪联系在一起的。城市安全的提出,就是在于控制犯罪,维护社会治安。

无论从任何视角对城市安全进行分析,城市安全都是人类社会所关注的共同话题。2016年初,建设部《中共中央国务院关于进一步加强城市规划建设管理工作的若干意见》中明确指出,"健全城市抗震、防洪、排涝、消防、交通、应对地质灾害应急指挥体系,完善城市生命通道系统,加强城市防灾避难场所建设,增强抵御自然灾害、处置突发事件和危机管理能力。"2017年10月17~20日,第三届联合国住房和城市可持续发展大会暨第十一届全球人居环境论坛在厄瓜多尔首都基多市举办,会议上通过了《2030年可持续发展议程》,其中提出,"建设包容、安全、有抵御灾害能力和可持续的城市和人类住区"。可以看出,在全球层面,降低相应风险,提高城市安全性,是全球共同关注的话题。

2.2 城市安全的特性

安全可以进一步细分为若干方面,与其它安全相比,城市安全具有其自身独有的特点。

2.2.1 影响因素的复杂多样性

城市是个复杂的有机体,影响城市发展的因素有经济与产业、人口与社会、生态与环境、历史与文化、技术与信息等多方面,包括政治等因素也在不同程度影响着城市的安全。这些因素相互交织在一起,形成共生性的竞争关系,往往"牵一发而动全身"。以自然因素为主影响城市安全的方面有洪涝灾害、风灾、泥石流、地震、雾霾等;以社会因素影响城市安全的方面有交通事故、食品安全事故、电梯伤人事故、犯罪等。

此外,对于某一特定城市而言,影响城市安全的因素也在不断变化中,如河南省开封市,在古代时,由于黄河悬河的影响,开封多次受到洪水的威胁,但随着水利工程技术的进步,目前影响开封城市安全的因素已转变为交通、雾霾、火灾等。

2.2.2 影响因素的不确定性

随着全球社会经济的快速发展,信息技术得到了巨大进步,但部分影响城市安全的因素却始终难以准确预测,如恐怖主义和某些如地震等自然条件的变化就一直难以被全面和清晰地把握和了解。如 2001 年 9 月 11 日美国恐怖分子劫持飞机撞击美国纽约世贸中心和华盛顿五角大楼的"9·11"事件。2001 年 9 月 11 日,4 架民航客机在美国的上空飞翔,然而这 4 架飞机却被劫机犯无声无息地劫持。当美国人刚刚准备开始一天的工作之时,世贸中心的摩天大楼却轰然倒塌,化为一片废墟,造成了3000多人丧生。

2017年8月8日21时19分,在四川省北部阿坝州九寨沟县发生7.0级地震,震中位于北纬33.20°,东经103.82°。截至2017年8月13日20时,地震造成25人死亡,525人受伤,6人失联,176 492人受灾,73 671间房屋不同程度受损。

这些突然且难以预测的影响城市安全的事故,造成了影响城市安全的不确定性,尽管科学技术不断进步,但影响城市安全性的事故仍有一部分难以准确预测和把握。

2.2.3 城市安全的可评价性

影响城市安全的因素众多,涉及不同层次、不同性质的城市因素。从大的方面进行归类,我们可将城市安全危害因素分为自然灾害、人为灾害两大类。自然灾害主要是由自然原因引起的,可分为地质性自然灾害、气候性自然灾害、复合性自然灾害等;人为灾害主要是由于人们的疏忽、管理不妥、设备陈旧、电器短路等原因引起的。在这两大类因素里面,可以进一步分解,从而形成城市安全的指标体系。基于因子权重法、层次分析法、主成分分析法等数学方法,就可以对城市的安全性进行分析判断。同时,安全城市的标准并不是一成不变的,它随着时代的变化而发生某种变迁,同一城市和地区在不同时间所感受的安全威胁肯定也是不一样的。

总之,城市安全的内涵我们可以从灾害学、心理学、社会学、犯罪学等若干个科学视角进行审视,然后给出城市安全的定义。人类的福祉不仅归之于免受侵犯和伤害,还归之于每个人应有的基本需求,能为城市居民提供良好秩序、舒适生活空间和人身安全。城市安全影响因素复杂,且因素具有不确定性,每个城市的安全程度都不一样,给城市管理带来了管理上的难题。我们通过对城市安全定义、城市安全特点、城市安全因素特性的分析,能更好地、具体地了解城市状况。

2.3 本研究对于城市安全的释义

城市是人类聚集的产物,需要具备多种功能来满足人们多重的需要。而城市建设之初,就是为了满足人们安全的需要,"筑城以卫君,造郭以守民,此城郭之始也"。进入20世纪以来,各种自然灾害、安全事故、公共卫生事件、社会安全事件不断发生,城市安全正在成为全球关注的话题。而城乡规划是城乡建设的先导,合理的城乡规划不仅可以降低公共安全事件发生的可能性,而且可以减少安全事件发生的损失。基于此,本研究中所分析的城市安全性主要是基于城乡规划学的视角,是指城市建设运转的安全性,影响城市安全的事件有如下7方面。

(1)自然灾害。自然灾害是指自然界中所发生的异常现象造成的人员伤亡、资源损失等现象或事件,包括旱灾、洪涝、台风、海啸、地震、火山、滑坡等灾害,均会给所影响的城市及周边地区带来巨大损害。

(2)城市火灾。由于城市中人口集中、建筑密集的特点,一旦发生火灾,人们的生命财产安全将面临被火苗吞噬的威胁,因而,消防安全一直是城市安全研究中的重要问题,在全社会对火灾普遍关注的基础上,由于家用电器的普及、民众防火意识不强、设备老化等原因,火灾隐患仍然长期存在。

(3)地下事故。地下事故主要有两方面原因造成:第一是地下管线开挖不当或破裂;第二是地下资源挖掘过量,后果均会对建筑地基及周边环境造成破坏,造成地表塌陷及引起连带事故,影响城市日常交通和居民生活。

(4)交通事故。城市交通事故是一种常见的因交通原因影响城市安全的现象,直接影响着城市人民的生命安全,据有关部门统计,城市交通事故占总交通事故的比例占到40%以上。当今,我国大城市机动车数量剧增,交通出行量日益增加,避免和减少城市交通事故的发生成为保障城市安全的重要举措。

(5)刑事案件。随着社会经济的稳定发展,我国总体社会治安趋好,人民群众安全感不断增强。但诸如打架斗殴所造成的流血事件,偷盗抢劫造成的谋财害命事件,以及在校园内发生的弱势群体伤害事件等,还在严重危害着社会治安。

(6)战争。战争是人为带来的灾难,也是流血的政治表象。战争带来大量人员伤亡和财产损失,同样,会给城市带来安全威胁。如二战后英国考文垂、德国柏林等部分城市、日本广岛和长崎等城市,几乎都变成了废墟。

(7)其他灾害。首先,是城市公共场所人流聚集造成的恶性事件,如人流拥挤踩踏事件、社会聚众斗殴事件等,均造成了一定数量的人员伤亡;其次,是疾病传播。如近年来发生的 SRAS、H7N9 疫情,对市民心理、社会稳定产生了不可估量的消极作用。

综上所述,影响城市安全的因素众多,从近年来我国发生的部分影响城市安全的事件可以看出,我国城市安全形势依然严峻(表2-1)。

表2-1　近年来我国发生的部分影响城市安全事件一览表

序号	城市安全问题	具体事件
1	自然灾害	2008年1月南方九省的大暴风雪、2008年5月四川省汶川地震、2010年8月甘肃省舟曲县特大山洪泥石流灾害、2012年北京地区暴雨灾害、2012年我国部分城市雾霾天气、2013年4月四川省芦山地震等
2	城市火灾	2005年12月洛阳市东都商厦火灾、2005年12月吉林省辽源市中心医院火灾、2008年1月乌鲁木齐批发市场火灾、2008年9月深圳市龙岗区舞王俱乐部火灾、2010年11月上海静安区胶州路高层住宅火灾等
3	地下事故	2003年7月上海市地铁4号线浦西联络通道特大涌水事故、2006年1月北京市东三环路京广桥东南角辅路污水管线漏水断裂事故、2007年2月江苏省南京市牌楼巷与汉中路交叉路口北侧南京地铁2号线施工造成天然气管道断裂爆炸事故、2010年8月山西省太原市双塔寺街地下管线破裂事故等

续表

序号	城市安全问题	具体事件
4	交通事故	2005年6月长春满载乘客轻轨列车脱轨事故、2009年5月浙江杭州富二代飙车撞人事故、2011年6月江苏省常熟市市区特大交通事故、2011年9月上海市豫园路站两辆地铁相撞事故、2011年10月河南省汝南县汽车站附近特大交通事故等
5	刑事案件	张君系列抢劫杀人案、2008年3月西藏拉萨市打砸抢烧暴力事件、2008年7月上海市杨佳袭警案、2009年7月新疆乌鲁木齐市打砸抢烧暴力事件、甘肃白银系列杀人案等
6	战争	/
7	其他灾害	2003年SARS病毒传播事件、2009年5月广东省韶关市旭日玩具厂聚众斗殴事件、2010年11月新疆阿克苏市某学校的学生踩踏事件、2013年H7N9疫情等

基于城乡规划学的视角，本文主要就是基于以上7方面及相应救灾能力分析的基础上，对城市安全性进行评价的。

2.4 城市安全容量分析

2.4.1 城市安全容量的内涵

到目前为止，从理论上讲，虽然城市是人类发现或创造的最好、最有效的聚居方式。但作为区域物质、能量、信息、资金和人口的集聚地，城镇生态系统内部的生命线系统变得越来越庞大，系统间关系变得越来越复杂，相互依赖性增强，因此系统的脆弱性和不稳定性也随着增强。城市生态系统是一个开放系统，密集的人类活动导致生态格局和过程的大规模改变，不仅给城市本身，也给城市周边地区的环境带来严重的威胁，加上城市蔓延对城市生态支持系统的吞噬，环境胁迫效应进一步加剧。

纵观全国,我国每个城市,无论大小,似乎都在经历一个基本相似的过程:

(1)城市建设用地向郊区扩展,城市基础设施向郊区覆盖,严重的无序建设在城市周边无节制蔓延;

(2)城市建设所需大量泥沙、土石方的开采、地下水的无节制抽取以及农副产品的大规模、集约化生产等导致自然生态的耗竭;

(3)工业废弃物及生活垃圾的堆放处置、污染企业的外迁,导致自然生态代谢过程的阻滞和污染点源的上溯及其面源化,构成对城市进一步发展的更大威胁;

(4)郊区种植业、养殖业的发展,使大量化肥、农药和畜禽粪便深入或留入土地、水体,引起更大范围内的污染;

(5)城乡结合部社会分化,形成外地民工集聚地和贫困居民集中区(棚户区),由于卫生设备和基础设施的简陋、居住环境低劣,加上人口素质较低,环境污染循环式加重,而且随着这些地区的改造向外为蔓长,成为一个割而复生的毒瘤;

(6)城郊的别墅、高尔夫球场、健身中心等休闲场所,其内部环境很好,但其地下水开采、废弃物处置等外部性加剧了周边环境的负荷,并危及自身的安全。

可以看出,城市人口规模不断扩大的科学实质是:资源的有限性和不适当的开发保育造成资源代谢在时间、空间尺度上的滞留和耗竭,结构、功能关系上的不当造成生态系统功能耦合失调或者功能丧失,人类行为在局部和整体关系上的急功近利或调控手段的缺失加剧了这种不协调。

人类生存的生态环境是一个由多种因素交织而成的,具有复杂而又复合结构的系统。人类在发展历程中,对其所处生存环境的认识观也由最初始的意识朦胧转化为现代的生态自为。生态思想经历了生态自觉——生态自落——生态觉醒——生态自为这几个阶段,这也反映了人类对自然的关系从尊重顺应到控制政府到保护利用到协调共处的变迁,这种变迁不是简单的回归和被

第 2 章　城市安全释义

动的适应,是更高层次的人与自然的协同,是人类为获得改造世界巨大能力时对更好的生存发展环境的谋求。

生态导向的整体规划是针对传统的规划理论不适应指导当今城市的发展而提出来的,传统的规划建设体现的是一种"扩张"或"掠夺"型的规划思想。而生态整体规划转变了传统规划思想,摒弃了传统规划方法,这种摒弃不是全盘否定或抛弃,是批判地继承,引入了新的思想和手段,注入新的观点和内容,是在对传统城市规划方法总结反思的基础上,以生态价值观为出发点,综合发展来的新的规划设计方法理论。生态整体规划是以社会——经济——自然复合系统为规划对象,以人与自然整体和谐的思想为基础,应用城市规划学、生态学、经济学、社会学等多学科知识以及多种技术手段,去辨识、模拟、设计和调控城镇中的各种生态关系及其结构功能,合理配置空间资源、社会文化资源,提出社会、经济、自然整体协调发展的时空结构及调控对策。生态整体规划体现的是一种"平衡"或"协调"型的规划思想,它把城镇与乡村、人与自然看作一个整体,综合空间、时间、人三大要素,协调经济发展、社会进步、环境保护之间的关系,促进人类生存空间向更有序、稳定的方向发展[①]。

从这个意义上说,城市化进程也是一个城市所需资源不断增长、生态环境容量不断被占用的过程。资源的限制和环境的约束决定着城市的规模,资源与环境问题永远是城市化进程中必须面临的严峻问题[②]。基于此,城市是具有一个合理的安全容量的,如果超出这个容量,城市的安全性就会受到严重威胁。在城市安全发展中最大限度地限制超过城市自身承载能力的容纳水平,从根本上为安全城市建设奠定良好的基础。

---

① 小城镇建设的生态理念及其对策研究.重庆大学博士论文,2005(10).
② 钱征寒.生态环境容量分析在城市规划研究中的应用刍议[J].2004 年城市规划年会论文集:城市生态规划.

2.4.2 "反规划"理念

当人类进入 20 世纪 80 年代末,人类所面临的生存环境已到了最严峻的时候,人们选择了可持续发展观来建设自己的家园,认识到我们所处的生态系统有其承载的限度,对资源的合理有效利用,合理平衡人口、资源、环境及其发展的关系,是人类自身生存与发展的维系。可持续发展观反映在城镇建设上是融入了生态自为的意识,此时的生态自为已不是简单的绿色空间的增加、回归自然、返朴归真、单纯追求优美生态环境,而是融入生态学思想、系统工程、耗散结构理论及其它学科将生态理念推向新的高度①。

近年来,国内俞孔坚、李迪华等学者提出了"反规划"的观点,是城镇建设中生态视点研究的延续。

"反规划"是应对中国快速的城市化进程和在市场经济下城市无序扩张的一种物质空间的规划途径。"反规划"不是不规划,也不是反对规划,它是一种景观规划途径,本质上讲是一种通过对优先进行不建设区域的控制,来进行城市空间规划的方法。自然与绿地系统优先的思想不是作者的发明,我们的先辈包括艾里奥特、麦克哈格早在 100 多年前就已经有设计遵从自然的思想,但"反规划"远远不是绿地优先的概念。"反规划"是一种强调通过优先进行不建设区域的控制,来进行城市空间规划的方法论,是对快速城市扩张的一种应对,主要包括以下四个方面的含义:

第一、反思城市状态:它表达了对我国城市和城市发展中一些系统性问题的一种反思;

第二、反思传统规划方法论:它表达了对我国几十年来实行的传统规划方法的反思;

第三、逆向的规划程序:首先以生命土地的健康和安全的名

---

① 小城镇建设的生态理念及其对策研究[J].重庆大学博士论文,2005(10).

义和以持久的公共利益的名义,而不是从眼前城市土地开发的需要出发来做规划。

第四、负的规划成果:在提供给决策者的规划成果上体现的是一个强制性的不发展区域,构成城市发展的"底",它定义了未来城市空间形态,并为市场经济下的城市开发松绑[①]。

---

① 俞孔坚 李迪华 韩西丽. 论"反规划"[J]. 城市规划. 2005(09). P 64-69.

第3章 基于城市规划发展的城市安全变化及趋势分析

3.1 中国城市规划发展过程中的城市安全分析

城市规划中所涉及的主体与客体,可以从社会层面、空间层面和生态层面进行划分,社会层面所涉及的是"人——人"关系,空间层面所涉及的是"人——城"关系,生态层面所涉及的是"人——境"关系。其中,"人"可以分为两方面,一方面是统治者代表的"人",另一方面是统治者之外的"人",即民众,"城"是指城市建成环境,"境"是指自然生态环境。中国城市规划发展,其实就一直处于"人——城——境"间关系的利益博弈过程中。

在原始社会末期,随着剩余产品的出现,私有制产生,进入奴隶制社会,《礼记·礼运》中记载的"货力为己,大人世已以为礼,城廓沟池以固",就是反映出财产私有后,出于对统治者"利"的保护,强化了城市的防御功能。在这个时期,奴隶作为奴隶主的私有财产,其社会地位十分低下,城市规划中更多体现的是社会层级的等级观念,在考虑到城市的基本功能之外,维护统治者的利益是进行城市规划的首要因素。

进入汉代,据《三辅黄图》卷二记载,"长安闾里一百六十,室居栉比,门巷修直。有宣明、建阳、昌阴、尚冠、修城、黄棘、北焕、南平、大昌、戚里",从中可以看出,汉代长安城的里坊制已初具规模,里坊制在城市规划实践中更加突出。随着里坊制的进一步发展,曹魏邺城宫殿建筑群布置严整,城市明确分区,统治阶级与一

第3章 基于城市规划发展的城市安全变化及趋势分析

般居民分开,不像汉长安宫城与洛阳城坊里相参,或为坊里包围。《彰德府志·邺都宫室志》记载,"南城自兴和迁都之后,四民辐凑,里闾填溢。盖有四百余坊,然皆莫见其名,不获其分布所在。其有可见者有东市(东郭)、西市(西郭)、东魏太庙……"。可见,当时里坊制进一步发展成熟,并延续至唐代。里坊制在唐代城市中的应用达到巅峰,如白居易《登观音台望城》中"百千家似围棋局,十二街如种菜畦",体现出长安城整齐划一的里坊制布局形式。

进入宋代后,《东京梦华录》所描述的"八荒争凑,万国咸通",生动地反映出了北宋东京繁华的场景,北宋时期街巷制的兴起,一方面与商业发展有关,另一方面与北宋的军事防御部署也有着重要联系。北宋东京城的选址与大运河的开通不无关系,北宋东京地处豫东平原,北部除了黄河无险可守,历史上就有"汴河通,开封兴;汴河废,开封衰"的说法,虽宋太祖赵匡胤有定都长安的想法,但因宋太宗等人的反对及"汴河漕运量为每年600万石,从江南运到开封则可,而运到洛阳、长安则难"等原因,北宋终定都东京开封。基于此,东京城的禁军数量大增,《石晋传》记载,北宋东京城"以兵为险",造成东京城"新城里外连营相望"的场景。因而,北宋东京城的防御任务主要由禁军负担,坊墙失去了原有的作用和意义,伴随着商业的蓬勃发展,里坊制随之瓦解。

元朝在延续街巷制的同时,加强了对自然环境的融合,郭守敬于中统三年,于元上都面呈元世祖水利六事,其中第一条建议就是利用"中都旧漕河东至通州,引玉泉水以通舟",在金中都水系基础之上,打造北京历史上最早的"绿水绕城规划"。此外,在游牧民族的生活习惯基础上,还开创了"胡同制"的城市规划布局方式[①],将社会文化的多重要素融入城市规划,至明清时期,北京市城市规划仍然延续了相似的特点。

在里坊制发展及兴盛时期,统治者与民众的关系虽已不像奴隶制社会时期地位悬殊,但城市规划中仍然突出反映出统治者与被统治者的等级关系区分。随后,里坊制的瓦解,和商品经济的发展紧密相关,同时也受到由于禁军数量大增而造成的坊墙作用削弱的影响。街巷制实施以来,中国城市规划发生了根本性的变革和调整,虽仍然强调严格有序的城市等级制度,但更加注重自然、社会、文化等因素的影响。不过,无论城市规划布局的主要特点如何变化,中国古代城市规划中的"利"仍然侧重于统治者便于管理的需要,"益"的目的并不突出。

新中国成立后,尤其是改革开放以后,我国经济快速发展,城市化速度加快,同时也带来了一系列城市问题,如环境恶化、交通拥堵、住房紧张、基础设施配置不足等问题,城市安全凸显,近年来我国所出台的许多规划理念都是针对以上问题而产生的,如低碳城市、开放小区、存量规划、海绵城市等,城市规划开始越来越对城市安全的关注。不同历史时期中国城市规划特点及演进趋势分析详见表3.1。

表3.1 不同历史时期中国城市规划特点及演进趋势分析

城市规划	城市初生成期	里坊制发展、兴盛期	街巷制发展、兴盛期	演进趋势
涉及因素	等级、奴役、防御、经济	等级、统治、防御、经济、利用生态	等级、统治、防御、经济、注重生态	社会、经济、生态效益统一
规划特征	工具理性	工具理性为主导,部分价值理性	工具理性为主导,部分价值理性	工具理性、价值理性、交往理性相互综合
规划主体		统治者、规划师		政府、规划师、公众、其它部门
规划方向		自上而下		自上而下＋自下而上
规划本质		当权者意志的表达		政府意图、规划师、公众及其它部门的合意
主要控制媒介		权力、技术		权力、技术、沟通
规划师职责		为当权者提供决策和技术依据		参与决策的沟通者和协调者
利益分析		利大于益		利益交织、利益均衡

3.2 城市规划演进过程中的各因素关系分析

从城市发展萌芽至城市街巷制规划布局的过程中,作为统治者的"人"与作为被统治的"人"始终位于乾坤两端,作为统治者的"人"始终处于强势一端,作为被统治的"人"始终处于弱势一端。《吴越春秋》中"筑城以卫君,造郭以守民",就清楚地表明,古代的城市规划均需首先满足君王的统治需要。同时,随着时代的发展,城市规划中在严格等级制度的基础上融入了生态学、文化人类学等学科思想,并不断地趋向利益平衡。下面就中国城市规划中"人"(统治者)、"人"(民众)、"城"、"境"间的相互关系及演变趋势进行分析。

在"人——城"关系上,城市物质空间环境作为城市运转的载体和利益作用的产物,一方面反映出的是人为改造城市的能力和作用,另一方面还反映出了空间化的"人——人"关系,在这一点上,中国城市规划体制由里坊制向街巷制的转变就是明证。

在"城——境"关系上,正如"乾坤为体,坎离为用。而乾坤乃体中之体,坎离为用中之用"所表达的,"乾坤"两端是作为统治者和民众的"人","坎"、"离"则为"城"、"境","城——境"关系就好比"火"与"水"的关系[②],一方面,都受到与"人"的左右,另一方面,在城市人工环境与自然生态环境的关系方面,需要相互平衡和相互制约。

在"人——境"关系上,从最初的城市规划建设开始,就是在牺牲传统自然环境的基础上进行的,但出于追求良好人居环境的目的,城市规划中越来越注重对周边自然环境的结合,这正如《易经·大传》中的"与天地合德"、"范围天地之化而不过,曲成万物而不遗,通乎昼夜之道而知"所述,城市规划建设必须遵从自然发展规律。

在"人——人"关系上,反映出的是统治者与民众间的等级关系,孔子后来进一步将此规律推演到了政治领域,延伸出以"克己复礼为仁"的社会等级伦理系统。

如前所述,中国城市规划中所涉及的因素包括"人"(统治者)、"人"(民众)、"城"、"境"。从城市初生成期至和谐社会建设,《易经》中的"变易"、"不易"和"简易"思想同样适用于上述四种因素,"变易"是指在中国城市规划发展过程中,以上四种因素的地位和作用在不断变化,"不易"是指这四种因素却没有发生过改变,"简易"是指无论四种因素间的关系如何改变,都是"人"在决定和影响着着"城"与"境",即人是城市规划的主体,决定着城市规划的发展(图 3.1)。

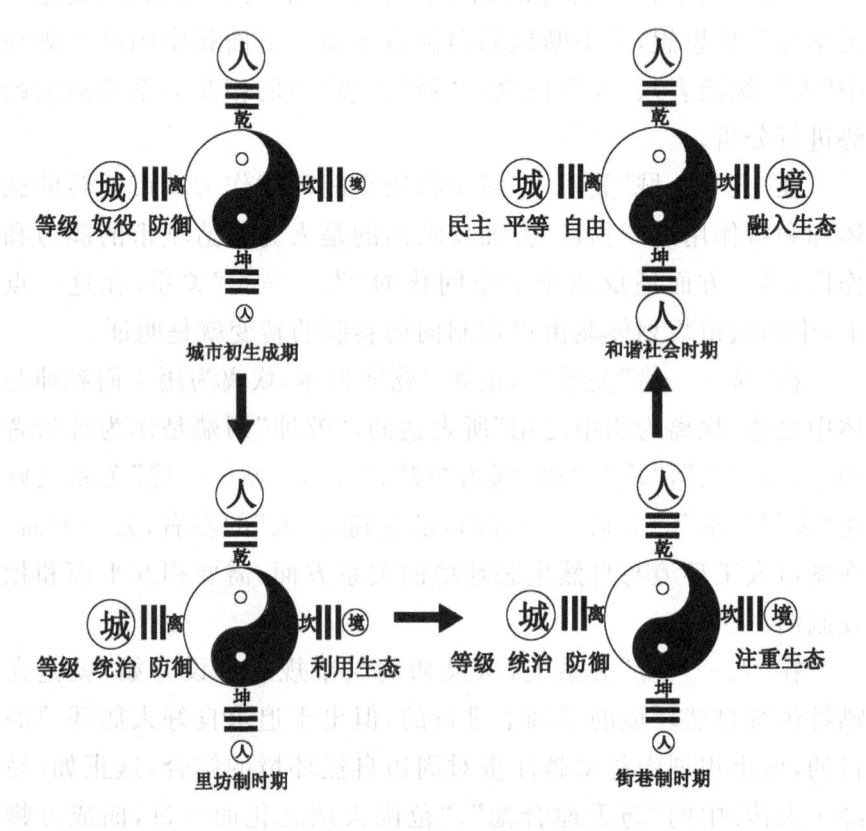

图 3.1 城市规划发展过程中的因素分析

注:字体的大小代表其内容所处的地位或所发挥的作用

3.3 未来城市安全演进趋势分析

一方面,城市规划的本质是对空间和土地进行合理有效的配置,按照资源禀赋理论,在资源有限的前提下,公共资源的合理配置必然涉及利用的有效性问题,即效率问题。从这个的度出发,尤其是随着土地出让制度及分税制的推进,政府财政收入一大部分来源于土地出让金及地方税收,这使得城市规划的效率变得日益重要。另一方面,城市安全同样是城市规划对资源进行配置的重要目标,在城市规划过分追求效率的情况下,公平性往往难以得到保障,出现了贫富差异、城乡差距、生态环境破坏等问题,不安全、不公平现象随之产生,效率的意义也随之打折。

《易经》中"时止则止,时行则行,动静不失其埋,其道光明",意指做事应把握好度的概念,强调工作应恰如其分。如从经济发展的角度,城市的快速扩展会增加城市财政收入,但盲目快速的城市建设发展同样会对城市的安全性和宜居性造成不利影响。在不以牺牲生态、环境和不以牺牲农业、粮食为代价的前提下,城市规划不能盲目地以经济发展作为核心目标,必须加强对于安全宜居城市的建设,未来对于城市安全性的塑造成为必然趋势。

第4章 城市安全性评价方法的选择

建立城市公共安全评价指标体系可以使我们更好地了解城市中存在的安全隐患,针对此安全隐患进行定性定量的评估,得到一个提前预警的效果,建立一个安全的城市公共环境。建立城市公共安全评价指标体系,首先需要了解安全评价的原理,研究并选择评价方法。

4.1 安全评价的原理及程序

安全评价是指以实现安全为目的,应用安全系统工程原理与方法,对系统中存在的危险及有害因素进行定性和定量分析辨识,预测发生事故或造成危害的可能性和严重程度,并针对所分析出的问题提出比较科学、合理并且可行的安全对策措施建议。

4.1.1 安全评价的原理

安全评价是评价方法的一种类型,同样遵循评价方法的基本原理。

(1)系统性原则。安全是系统工程,因此,从系统的观点出发,以全局的观点,更大的范围,更长的时间、更大的空间、更高的层次来考虑系统安全评价问题,并把系统中影响安全的因素用集合性、相关性和阶层性协调起来。

(2)惯性原理。对于同一个事物,可以根据其惯性来推断系统未来的发展趋势,所谓惯性是指事物的发展所带有的一定延续性。所以,惯性原理也可以称为趋势外推原理。

第4章 城市安全性评价方法的选择

(3)类推和概率推断原则。所谓类推评价,指若已知两个不同事件之间存在相互制约或相互联系的关系,那么,就可以利用先导事件的发展规律来评价相对其较迟发事件的发展趋势。

4.1.2 安全评价的程序

安全评价的基本程序包括以下七部分:前期准备;辨识与分析危险、有害因素;划分评价单元;定性、定量评价;安全对策措施建议的提出;做出安全评价结论;安全评价报告的编制。如图4.1所示。

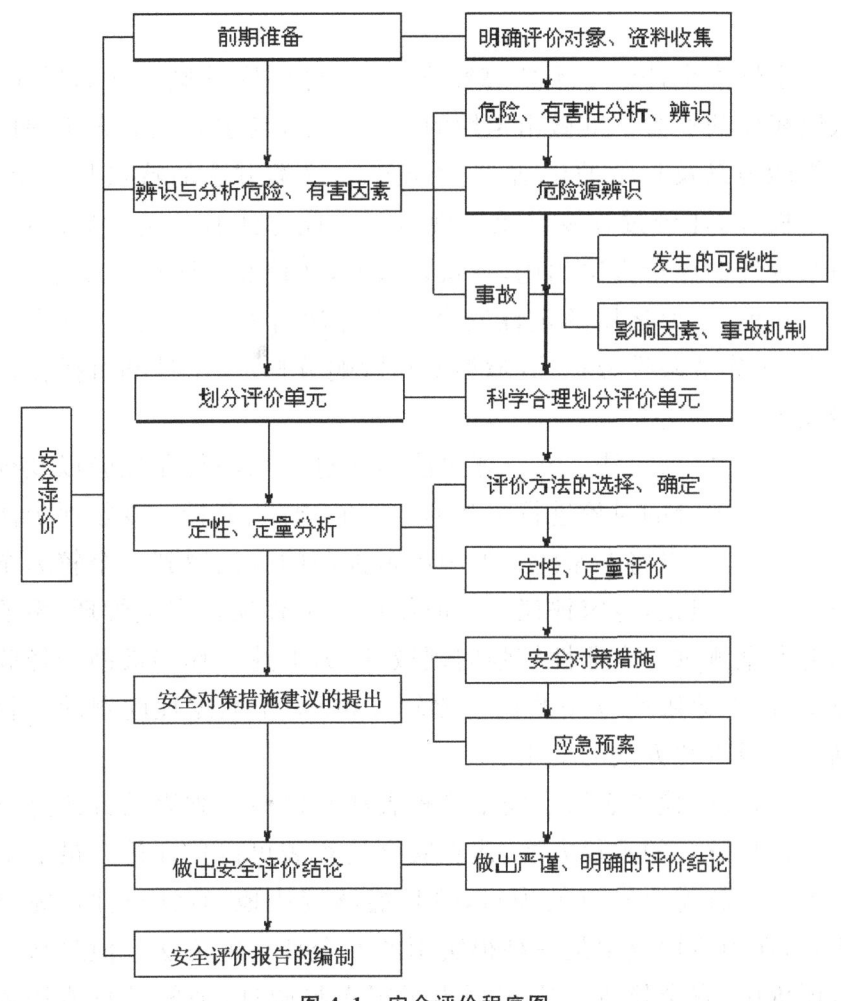

图4.1 安全评价程序图

4.2 安全评价方法

按照评价结果的量化程度分类,安全评价方法一般分为两类:定性方法和定量方法。下面,将对常用的定性方法和定量方法分别进行介绍。

4.2.1 定性安全评价

定性安全评价是不依靠数学方法,对评价对象日常的反应,依照相应的经验标准做出定性的判断结论,其主要依靠人主观的分析能力以及日常的生活、生产经验。这类方法的特点是简单、便于操作,评价过程及结果直观,但是,此方法有一定的局限性,与系统性的评价方法相比,其缺乏深度,并且准确性相对较低。

目前,主要运用的定性安全评价方法有专家评议法、安全检查表、预先危险性分析、故障类型和影响分析、危险性和可操作性研究等。

(1)专家评议法。专家评议法是通过专家的行业经验以及理论知识对评价的对象进行主观的评定和预测、分析。专家评价法简单易做,可以将专家的意见用逻辑推理的方法得到一个较为全面的记录,但是,专家评议法一般使用于工程项目安全管理、系统功能安全测试等专业性较强的领域,因为上述工作多借助于经验分析,所以运用此方法的机会比较多,而对于数据性问题的项目则尽量减少此方法的使用。

(2)安全检查表法。安全检查表法是以清单列表的方式进行的一种打分式的评价方法,建立安全检查表可以使评价人员清晰直观地了解需要检查的项目,并且能够较快地、有针对性地完成检查,在项目检查中是一种很实用的安全评价的方法。但是在其他评价中,安全检查表则表现出了很多局限性,通常其只能涵盖一个方面的检查内容,很难做到全面的分析研究。并且检查表的表现形式通常只是是与否的问题,没有过多地量化、定性地分析,因此,很难找到问题的根源所在,顾而,在评价体系中,不会经常用到此方法。只是在系统安全设计与运营时,会用其以了解其目前的实施状况。

(3)预先危险性分析。预先危险性分析(Preliminary Hazard Analysis,PHA),主要用于某一项工程设计、施工、生产之前,对系统存在的类别、出现条件、可能导致事故的后果进行说明。其旨在识别危险因素,确定安全性的关键部位,评价各种危险的程度,同时,提出消除危险的措施。通常PHA的第一步是进行危险辨识,因此,该方法在危险源辨识方面提供了很好的方案,可以将危险源较完整地进行剖析,同时,PHA还可以配合着安全检查表一起进行评价,这样一来,可以通过安全检查表的形式进行危险源识别,这样既节省了工作量,同时,又能全面展现预先危险性分析的优点。一般预先危险分析用于固有系统中,或者在有新技术、新产品投入使用之前运用此方法。

(4)故障类型和影响分析。故障类型和影响分析主要针对元器件发生故障时而进行分析的一种重要方法。故障则表示为元件、子系统在运行时不能达到规定的要求,或者不能完成任务的情况;故障类型则是故障的表现形式,其针对不同的系统有不同的表现形式进行选择。

(5)危险性和可操作性研究。危险性和可操作性研究是英国帝国化学工业公司开发的,主要用于热力水力系统安全分析。其通过对设计的或使用的工艺进行结构化和系统化的审查,来识别和评估存在的问题。通常是使用一些引导词,会全面地辨识工艺流程产生的偏差,同时,对偏差可能造成的后果提出对应的整改措施。此评价一般是由一群专家进行头脑风暴完成,因此,尤其适用于化工企业这种流程相对固定的生产企业对工艺进行安全分析。

4.2.2 定量安全评价

（1）层次分析法。层次分析法（Analytic Hierarchy Process, AHP），是指将决策有关的元素分解成目标、准则、方案等层次，然后再对其进行定性和定量相结合的多准则方法。层次分析法可以直观并且直接地反映出其层次关系，并且可以针对多个目标及多层结构进行评价。层次分析法的关键在于建立一个层次结构模型，利用少量的信息而进行层次化。

（2）数据包络分析法。数据包络分析法是以"相对效率"概念为基础提出的。一般针对于给定的决策单元，选一组输入、输出设定的评价指标，同时，设定一个有效的系数，评价决策单元的优劣。

（3）人工神经网络评价法。人工神经网络评价法是利用工程技术的手段，模拟人脑的神经网络结构和功能的一种技术系统。该技术主要是运用于人工智能研究工作。

（4）灰色综合评价。灰色系统理论是基于灰色数学而出现的一种关联度分析的评价方法，其运用了大量的数据量化方法，包括了数列预测、灾变预测、季节灾变预测、拓扑预测、系统预测的灰色预测法。根据系统各因素间或各系统行为间发展态势的相似或相异程度来衡量关联程度，则是灰色评价的主要思想。

（5）模糊综合评价（决策）法。传统的安全管理全靠经验和感性认识去分析和处理生产中出现的各类安全问题，对系统的评价只有"安全"或"不安全"的非是即否的答案。因此，这种分析忽略了问题性质的程度上的差异。模糊概念讲究的不只是用"1"（安全）、"0"（不安全）两个数值去度量，而是用 0 和 1 之间一个实数去度量，扩大了分析结果的可能性，这个数就叫"隶属度"。

4.3 评价方法的选取

通过对城市公共安全的风险分析,其指标具有层次复杂、涉及面宽广等特点,针对这些特点,本论文将主要采取层次分析的方法建立评价指标体系。层次分析法(Analytic Hierarchy Process,简称AHP)是 T. L. Saayt 教授提出的一种定性与定量相结合的分析方法,通过对决策表进行比较评定,可以提出针对评判目标的最优解法,因此,该评价方法在工程以及评价项目中得到了很多的运用。层次分析法的关键,首先是建立一个层次结构,将目标进行逐级分层,使其能够从上至下,从宽到窄的进行划分,这样一来就明确了评价的目的,以及目标的所有从低到高级别的组成要素。通过对各个层次因素之间的互相比较,确定其相互的性质关系,与上一级的隶属关系,从而形成一个分析结构模型,最后明确一个权重优劣先后顺序。

因为考虑到有关城市公共安全的评价指标不能够按照传统的安全管理,只靠经验和感性认识去分析和处理,即评价结果只有"安全"或"不安全",这样,就忽略了问题性质的程度上的差异,这就需要考虑多划分几个评价结果的度量等级,扩大分析结果的可能性;同时,为了要增加层次分析法的评判可靠性,就需要对评价目标进行综合的测评,不能只从评价目标本身涉及的因素进行分析,这就涉及了前面提到的先需要对评价目标进行风险分析,明确其影响的风险因子,再通过风险因子,找出对应的定量或定性评定指标、方法。因此,在使用层次分析法的时候,应该结合多种方法,并不单一地建立层次结构进行分析,而需要综合考虑目标的各个层面。

所以,为了增加评判结果的可靠性,本文在运用层次分析法建立评价指标体系的基础上进行评价。下面,对本次研究所运用的层次分析法评价方法进行详细介绍。

层次分析法是一种多准则决策方法,该方法具有系统、灵活、简洁的特点。层次分析法的中心思想是首先,建立一个层次结构,其次,通过该结构建立一个策划分析表,将表中的各因素进行两两比较,制定相对应的量化标准进行统一分析,统一评判,然后,运用归一的方法形成一个权重集合,最后,计算出针对评定目标的一个综合权值。运用层次分析法,可以帮助分析人进行方案的选择,计划的决定以及资源的分配等,并且层次分析可以结合人们的主观评价,也可以以客观的数据、事实等进行判定,因此,它是一种有效的决策方法。

确定层次分析法中各因素的相对权重的前提是要建立一个层次化的结构体系,根据问题的不同类型与性质,把这些因素间的隶属关系按照不同的组合,形成一个多层次的结构模型,最后,按方案对于总体目的的重要性进行权重排序。

层次分析法的基本思路,与人对一个复杂的决策问题的思维、判断过程大体上是一样的。以客人购买手机为例:假如有三个手机 A、B、C 供客人选购,层次分析法会根据诸如价格、性能和寿命、适用度、质感等一些准则去反复比较这三款产品,具体结构图见图4.2所示,这是在采用层次分析法进行分析时所需建立的相应层次结构图。

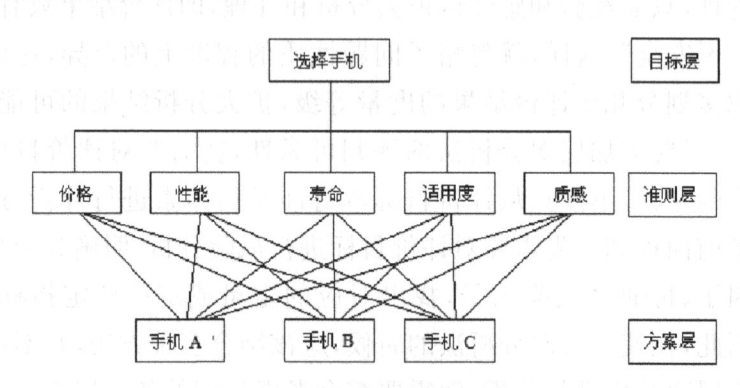

图 4.2 手机选择层次结构图

具体分析过程如下:首先,客人会确定这些准则在其心目中的影响程度,如果其经济宽绰,自然特别看重适用度和质感,而平素俭朴或手头拮据的话则会优先考虑价格及寿命,中年客户还会对使用方便等条件比较关注。其次,客人会针对每一个准则将三款产品进行对比,例如 A 价格最高但性能最好;B 次之,B 费用最低;C 次之,C 寿命不长等。最后,将这两个层次的比较判断进行综合,在 A、B、C 中确定哪个作为最佳的一个。

层次分析法的运用过程中会出现一个由相互关联、相互制约的众多因素组成,而又缺少相应的定量数据的系统,它为这种系统的分析和研究提供了一种实用的建模方法。实际研究中,当建立了层次结构之后,可按照以下五个步骤进行分析判断。

(1)建立方案因素决策表。因素决策表需要在比较矩阵之前进行建立。决策表其实是一个数据表单,代表着各因素的量化数据,通过数据对因素进行统一标准的表述。

(2)标量化形成判断矩阵。根据决策表中数据得到了最底层因素的各自的权重之后,可采用模糊综合评判的绝对评价方法,对所有方案同时进行评价打分,也可采用相对评价方法对方案进行两两比较打分。

若有 n 个需要比较的量,让每一个量与其他量分别进行两两比较,若第 i 个量与第 j 个量的比较结果记为 a_{ij},再加上与自身的比较结果 a_{ii},可形成一个 $n \times n$ 的方阵,这个方阵就称为判断矩阵。

通过构造判断矩阵来确定对于上一层次的某个元素而言,本层次中与其相关元素的相应的权重,此方法为1—9标度法。构造判断矩阵时,其确定重要度关系的数值见表4.1所示。

表4.1　1—9 标度的含义

尺度	含义
1	第 i 个因素与第 j 个因素相比影响相同
3	第 i 个因素与第 j 个因素相比影响稍重要
5	第 i 个因素与第 j 个因素相比影响明显重要
7	第 i 个因素与第 j 个因素相比影响强烈重要
9	第 i 个因素与第 j 个因素相比影响极端重要
2,4,6,8	第 i 个因素相对于第 j 个因素的影响介于上述两个等级之间的标度
$1/a_{ij}$	第 j 个因素相对于第 i 个因素的重要程度

利用 1—9 的比例标度,构造两两比较的判断矩阵。

判断矩阵 $A=(a_{ij})_{n\times n}$ 中的元素 a_{ij} 表示相对于 $K-1$ 层的第 m 个元素,L_k 层的元素 u_i 与 u_j 的重要性程度之比。a_{ij} 是 1/9 至 9 之间的某一确定值,且判断矩阵具有如下性质:

$$a_{ij}>0 \quad a_{ji}=1/a_{ij} \quad a_{ij}=1$$

(3)判断矩阵一致性校验。在专家两两比较判断的过程中,若比较量超过两个,就可能出现不一致的判断。由于被比较对象的复杂性和决策者主观判断的模糊性,出现不一致的情况也是正常的。

对点值构成 1—9 标度互反性判断矩阵,Saaty 给出了完全一致的定义:

设 $A=[a_{ij}]_{n\times n}$,若满足

$$a_{ik}\times a_{kj}=a_{ij}, \forall i,j,k=1,2\cdots,n$$

则称判断矩阵 A 是完全一致的。

以上定义反映了一致性比较判断的传递性。当在实际中出现判断矩阵不完全一致的情况时,进行一致性检验可通过计算随机一致性比率 C.R. 来决定,

$$C.R. = C.I. / R.I.$$

其中 $C.I. = (\lambda\max - n)/(n-1)$ 称为一致性指标,R.I. 称为随机一致性指标。$\lambda\max$ 为特征方程 $AW = \lambda W$ 的最大特征根,n 为比较判断阵 A 的阶数(也是该层次所含的因素个数)。R.I. 取值规则如下,见表 4.2:

表 4.2　R.I. 与阶数 n 对应表

n	1	2	3	4	5	6	7	8	9
R.I.	0	0	0.58	0.90	1.12	1.24	1.32	1.41	1.45

若 C.R. <0.1,则认为有可接受的一致性,否则需要调整 A 的元素取值。1 阶和 2 阶判断矩阵具有完全一致性,R.I. 值为 0,不需计算。

众所周知,求矩阵 A 的特征值与特征向量在 n 较大时是比较

麻烦的,需要求解高次代数方程及高阶线性方程组。工程上往往采用近似算法——和积法,具体步骤如下所示:

① 将判断矩阵 A 的每一列标准化,即令

$$b_{ij} = \frac{a_{ij}}{\sum_{i=1}^{n} a_{ij}}, (j = 1, 2, \cdots, n)$$

② 将 A 中元素按行相加得到向量 Y,其分量

$$Y_i = \sum_{j=1}^{n} b_{ij}, (i = 1, 2, \cdots, n)$$

③ 将 Y 标准化,得到 W,即

$$W_i = \frac{Y_i}{\sum_{j=1}^{n} Y_j}, (j = 1, 2, \cdots, n)$$

W 即为 A 近似特征向量;

④ 求最大特征值近似值:

$$\lambda_{\max} = \frac{1}{n} \sum_{i=1}^{n} \frac{(AW)_i}{W_I}, (i = 1, 2, \cdots, n)$$

(4) 判断矩阵权重求解。根据判断矩阵 $A = [a_{ij}]_{n \times n}$。求解权重,是 AHP 的核心内容。其方法具有:和法归一法、最小二乘法、方根法等,而通常在计算时会采用和法归一。

和法归一具体计算方法如下:

首先是要分别将判断矩阵的每行元素求和作为分量,得到一个向量。并且将这个向量进行归一化,即对各行和求总和去除每个行的和。这样得到的权重向量中,各分量之和为 1。具体计算步骤为:

将判断矩阵 $A = [a_{ij}]_{n \times n}$ 按列归一化,即让 $(a_{ij})_{n \times n}$ 变为

$$\left[\frac{a_{ij}}{\sum_{i,j=1}^{n} a_{ij}}\right]^{\Delta} = (\overline{a}_{ij})_{n \times n}, (i, j = 1, 2, \cdots, n)$$

按行加总,为

$$\sum_{i=1}^{n} \overline{a_{ij}} = \overline{w_i}, (i \in N)$$

再归一化后即得权重系数

$$w_i = \frac{\overline{w_i}}{\sum_{i=1}^{n} \overline{w_i}}, (i \in N)$$

求最大特征根

$$\lambda_{\max} = \sum_{i=1}^{n} \frac{(Aw)_i}{nw_i}$$

在确定了权重之后,都需要对这个判断矩阵进行一致性检验,只有一致性比例小于 0.1 的时候,这个排序向量才是有意义的。

(5) 综合权重计算和排序。得到关于层次结构中最底层因素的方案权重和各层的因素权重后,采用以下公式计算上一层因素的权重:

设已经得到第 $k-1$ 层的 n_{k-1} 个元素相对于总目标的排序权重向量为:

$$w^{(k-1)} = (w_1^{(k-1)}, w_2^{(k-1)}, \cdots, w_{n_{k-1}}^{(k-1)})^T$$

第 k 层的 n_k 个元素对第 $k-1$ 层的第 j 个元素为准则的排序向量设为:

$$p_j^{(k)} = (p_{1j}^{(k)}, p_{2j}^{(k)}, l, p_{kj}^{(k)})^T$$

令 $p^{(k)} = (p_1^{(k)}, p_2^{(k)}, \cdots, p_{n_{k-1}}^{(k)})$,$p^{(k)}$ 为 $n_k \times n_{k-1}$ 的矩阵,表示第 k 层的元素对第 $k-1$ 层上各元素的排序,那么第 k 层的元素对总目标的合成权重向量 $w^{(k)}$ 由下式给出:

$$W^{(k)} = (w_1^{(k-1)}, w_2^{(k-1)}, \cdots, w_{n_{k-1}}^{(k-1)})^T = P^{(k)} W^{(k-1)}$$

或者:$w_j^{(k)} = \sum_{j=1}^{n_{k-1}} p_{ij}^{(k)} w_j^{(k-1)}, (i = 1, 2, \cdots, n)$

由此得到合成权重 $w^{(k)}$ 的表达式为

$$W^{(k)} = P^{(k)} P^{(k-1)} \cdots P^{(3)} W^{(2)}$$

这里 $w^{(2)}$ 是第二层的元素对于总目标的排序向量。

AHP 的评价流程图如下图所示:

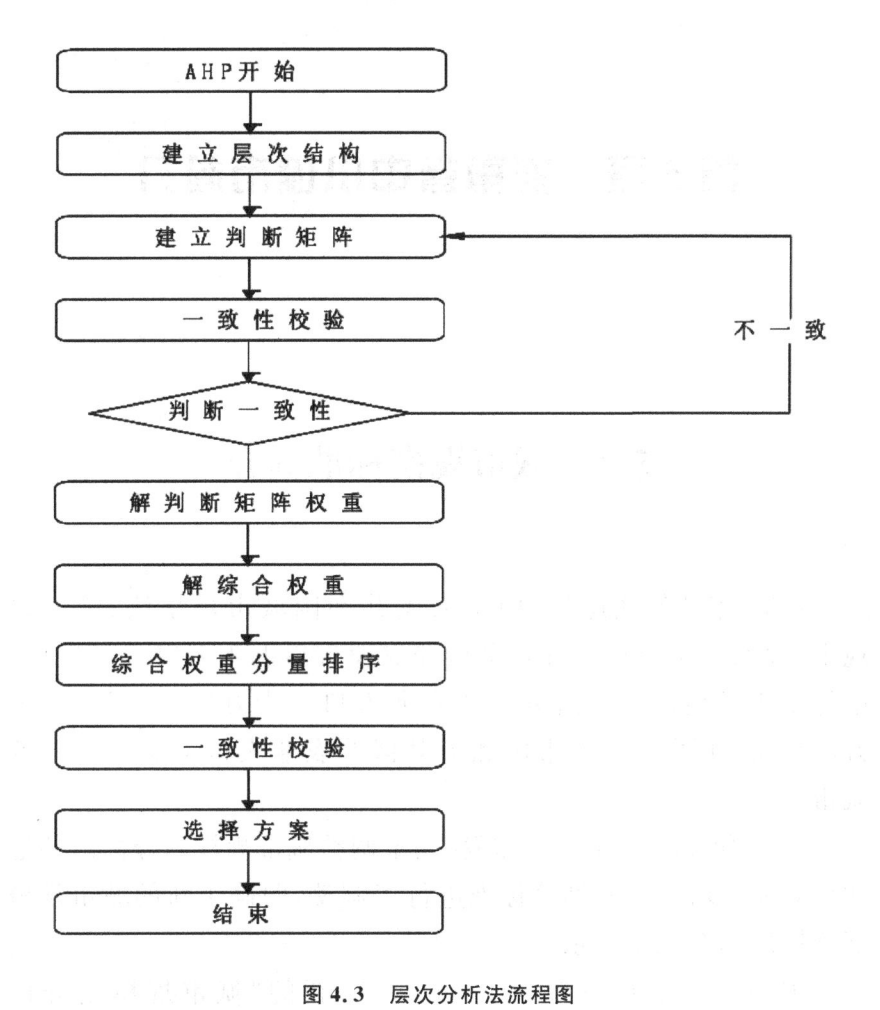

第4章 城市安全性评价方法的选择

图 4.3 层次分析法流程图

第5章 河南省中小城市简介

5.1 城市规模标准简介

1990年开始实施的《中华人民共和国城市规划法》第四条规定:大城市是指市区和近郊区非农业人口五十万以上的城市;中等城市是指市区和近郊区非农业人口二十万以上、不满五十万的城市;小城市是指市区和近郊区非农业人口不满二十万的城市。

2014年11月,国务院印发《关于调整城市规模划分标准的通知》,对原有城市规模划分标准进行了调整,明确了新的城市规模划分标准如图5.1所示。

本项目立项时间为2014年7月,新的"城市规模划分标准"尚未出台,当时考虑的研究对象主要是根据1990年《中华人民共和国城市规划法》第四条中的"城市规模划分标准"(见表5.1),针对河南省量大面广、公共服务设施和基础设施相对薄弱的县城(含县级市)及乡镇安全性进行研究的。因而,本次研究主要聚焦于河南省县城(含县级市)及乡镇,对其城市安全性进行评价。

第 5 章　河南省中小城市简介

以城区常住人口为统计口径，将城市划分为五类七档：

城区常住人口50万以下的城市为小城市
　其中20万以上50万以下的城市为Ⅰ类小城市
　20万以下的城市为Ⅱ类小城市

城区常住人口50万以上，100万以下的城市为中等城市；

城区常住人口100万以上，500万以下的城市为大城市
　其中300万以上500万以下的城市为Ⅰ类大城市
　100万以上300万以下的城市为Ⅱ类大城市

城区常住人口500万以上，1000万以下的城市为特大城市；

城区常住人口1000万以上的城市为超大城市。（以上包括本数，以下不包括本数）

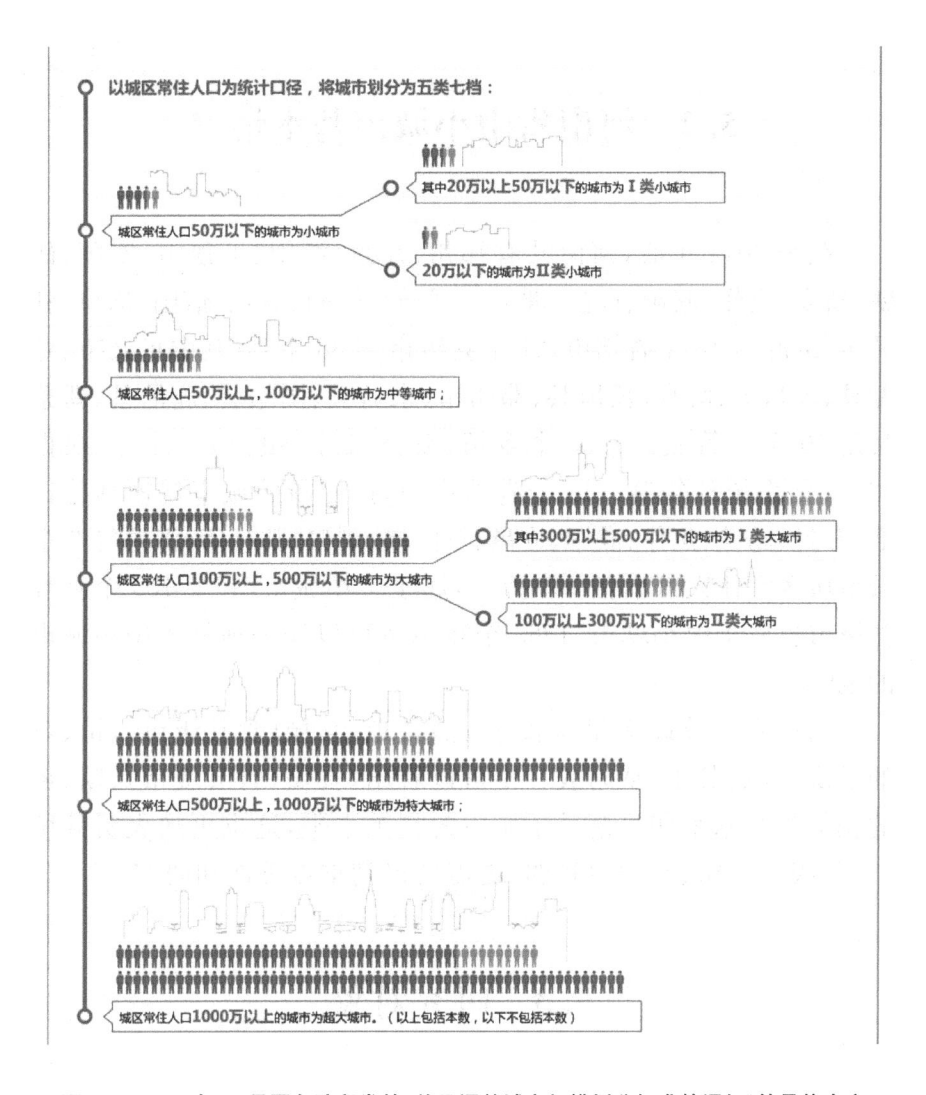

图 5.1　2014 年 11 月国务院印发的《关于调整城市规模划分标准的通知》的具体内容

表 5.1　原有的城市规模划分标准

城市人口（非农业人口）	20 万以下	20~50 万	50~100 万	100 万以上
城市规模	小城市	中等城市	大城市	特大城市

5.2　河南省中小城市基本情况

截至 2014 年底,河南共有郑州、开封、洛阳、平顶山、安阳、鹤壁、新乡、焦作、濮阳、许昌、漯河、三门峡、南阳、商丘、信阳、周口、驻马店、济源等 18 个省辖市,21 个县级市和 88 个县(其中巩义市、兰考县、汝州市、滑县、长垣县、邓州市、永城县、固始县、鹿邑县、新蔡县是 10 个省管县),1863 个乡镇(乡:852 个,镇:1011 个)。根据《2015 河南统计年鉴》,18 个省辖市中,按照新的城市规模划分标准,开封、鹤壁、焦作、濮阳、许昌、三门峡、周口、驻马店、济源等 9 个城市城区常住人口不足 100 万人,属于中小城市,其余 109 个县及县级市也属于中小城市,1863 个乡镇也可以笼统地划入中小城市的范畴。

河南省市政设施配套水平按照城市、县城(含县级市)、镇、乡的层次递减,其中,从附表一中可以看出,县城(含县级市)、镇、乡的相关配套水平明显落后于城市的相关水平,这也更加表明县城(含县级市)、镇、乡相对较弱,更需要得到重点关注和研究。

5.3　研究对象

中小城市是城镇体系网络中的一个节点,处在上连大城市、下接乡村的特殊位置。如前所述,基于中小城市的城市安全性研究就是基于中小城市处于城市体系末端,配套设施相对不足,人们安全意识相对薄弱,安全问题相对于大城市较为突出而展开的。因而,对城市安全问题进行研究应抓住中小城市的这种"特殊地位",加强从区域的角度对中小城市的安全性问题进行探讨。

城市一般可以从等级、规模、职能、经济发展水平及空间位置等方面进行分类,基于中小城市在区域中的"特殊地位",本文选择从经济发展水平及空间位置方面对中小城市进行分类,将中小城市分为如下类型。

(1)较大城市周边地区的中小城市。大城市周边地区的中小城市主要是指我国行政建制地级市周边二十千米以内的中小城市。这些城市处于区域中心城市的强辐射范围之内,已经步入了大城市圈层化体系之中,由于距离中心城市较近,因而受到中心城市辐射带动作用较强。

(2)边缘地区的中小城市。边缘地区的中小城市是指远离中心城市、相对独立分散、对外联系较少的中小城市,主要位于区位条件较差的山区、边远地区、中西部地区以及发达地区的边缘城镇。由于处于劣势的经济地理区位,中心城市先进要素资源流入的阻力较大,因此,边缘地区中小城市很难接受到城市先进的文明要素的辐射,依托区域和城市基础设施困难,而主要以封闭的传统农业经济社会为支撑,相应地,其经济发展相对落后且发展速度较慢,城镇化和现代化水平较低。

(3)城市密集地区的中小城市。城镇密集地区是指在一定地域范围内,以多个大中城市为核心,城市之间和城市与区域之间发生着密切联系,城市化水平较高,城镇连续性分布的密集区域。简言之,是指大中小城市和小城镇密集发展的地区。城镇密集地区的中小城市公共服务设施相对完善,在区域中的中心作用不断加强,使得市区之间边缘距离不断缩小,在地域空间上不断接近,甚至连为一体,呈现出城市连绵发展的态势。

5.4　中小城市可持续发展模式的关键问题探讨

5.4.1　中小城市发展瓶颈分析

一个城市的核心竟争力和城市经济发展水平是相辅相成的,

中小城市起点低、基础薄、整体发展慢、观念落后,造成了城市的核心竞争力比较低下,从而成为中小城市发展的瓶颈。主要表现在以下几个方面:

(1)中小城市平均规模偏小,与大城市的规模等级结构不协调。根据各国城市化的基本经验,随着城市规模的逐渐增大,城市数量在总城市数中所占的比重依次降低,分布呈正态的金字塔形。

(2)城市质量差、功能单一,制约了第三产业的发展。在城市建设中,由于体制等多方面的原因,普遍存在城市规划滞后、基础设施建设不配套等问题,城市呈粗放型发展。

(3)城市经济实力薄弱,在地区经济中所占比重小;城市经济的落后,导致了中小城市基础设施建设的落后。而城市化的滞后不仅使工业的主导作用不能很好地发挥,社会分工不能细化,阻碍了第三产业的发展,影响了就业的增加和需求的增长,而且使城乡经济难以协调发展,成为制约城市发展的瓶颈。

5.4.2 喊市可持续发展研究内容

(1)关键自然资本——中小城市可持续发展的前提

随着人们对自然环境价值的认识,自然环境作为一种资本被应用于可持续发展研究中,基于此,进一步开展城市可持续发展关键自然资本研究是城市可持续发展不可或缺的内容之一。可持续发展要求人造资本与自然资本的总和不能减少,即下一代拥有的资源量存量不少于当前。城市绿色空间是城市可持续发展的关键自然资本,城市绿色空间是由同林绿地、城市森林、立体空间绿化、都市农业和水域湿地等构成的绿色网络系统,它与建筑物和铺装物所覆盖的城市空间相反,是以土壤为基质、以植被为主体、以人类干扰为特征,并与微生物和动物群落协同共生的生态系统。因此,当前城市绿色空间研究首要的任务是科学的评价城市绿色空间对于人类福祉的作用,这种评价要做到具体并且易于接受,使决策者与城市居民切身感觉到建设绿色空间的现实及长远收益要高于商业投资的机会成本,才能使城市绿色空间在政策与规划中得以更好体现,这也是解决绿色空间与建设用地冲突的最根本途径。

在中小城市,城市建设缺乏环境保护意识,城市用地盲目扩张,土地资源严重浪费,生态环境破坏严重,绿色空间较易受到破坏。对城市关键自然资本的保护是促进中小城市可持续发展的先决条件。

(2)社会人文——中小城市可持续发展的动力根源

城市可持续发展的核心是以调动人的积极性为根本。中小城市脱胎于乡村,城市居民多年来形成的旧习惯、旧观念依然存在,城市意识、环境意识、法制意识不强。因此,加快城市发展,必须以增强全民城市意识为突破口,强化对城市规划、城市法规的宣传,明确公众参与的法律地位,使公众成为自觉维护和监督城市规划建设管理的重要力量,把规划决策由少数人谋划变成一种全社会共同抉择的事业,把建设管理由自上而下变成一种自下而上的社会自觉行动,充分发挥全民参与城市可持续发展的主动性和创造性,从而克服和解决现代城市社会的离群、感情弱化、无集体意识行为和无公德责任感的倾向,防止社会控制的弱化,以确保城市发展战略最终成为现实。

加强社会主义精神文明建设,重点是思想道德体系和先进文化建设,坚持以人为本,实现社会发展目标的回归。

要大力发展教育、文化、卫生、体育等社会事业,加强城市文明意识的培养,提倡文明的生活方式,促进城市市民各种素质的提高。要在建设物质文明的同时,做好精神文明建设的同步规划、同步实施。大力推进城市的群众性精神文明建设活动,提高城市依法治市的水平,努力促进城市经济、社会、人口、资源、环境的协调和持续发展。

(3)政府职能—中刁诚市可持续发展的保障

城市化增长率很快,但在人口向城市迁移过程中,未能形成真正的工业经济,城市经济发展缓慢,并没有实现从消费型城市向生产型城市的转变。在城市,城市贫民、城市污染、资源短缺、犯罪率上升、失业等问题严重阻碍城市可持续发展。中小城市这种现象较为突出。经济、社会、生态三重问题，不仅威胁着城市的经济发展潜力，而且威胁着社会凝聚力和政治稳定，还危害城市未来的长远发展。这就要求政府以可持续发展为目标，充分履行自己的职能。总体而言，为了实现城市可持续发展，政府必须承担以下三大职能：1）促进经济发展。经济是城市可持续发展的基础，因此政府必须加强城市经济管理，大力发展城市经济。城市政府促进经济发展的主要内容包括：制定产业政策，发展特色经济，创造良好的投资软硬环境，使城市企业具有良好的市场环境和社会环境。2）维护社会公平。从可持续发展角度看，维护社会公平中最迫切、最关键的是要反贫困。理论和实践都已证明，如果没有政府干预，"马太效应"的必然结果是穷者愈穷、富者愈富。城市贫困的主要原因之一是城市中的失业。因而，促进就业就成为政府反贫困政策体系中的重要环节，其次是建立和健全社会保障制度。3）对关键自然资本——环境生态的保护。关键自然资本所具有的公共物品的性质、资源与环境的外部性问题、城市可持续发展的长期性问题等等决定了市场在这些方面调节的失灵，同时也就决定了政府在实现城市可持续发展目标时所承担的极大责任。

总之，实施我国中小城市的可持续发展战略，要首先根据城市发展的主要制约因素，制定具有地域特色的可持续发展道路，而不能采取一刀切的模式。中小城市的可持续发展模式可以多种多样，但发展循环经济这一基准不能改变。

制定中小城市可持续发展规划时，要考虑政府、个人因素，最大限度的发挥这两大角色的主观能动性，使建立的模式能最大限度的协调经济发展与环境保护之间的关系。[①]

[①] 吴慧亚,李庆召.中小城市可持续发展模式的关键问题探讨[J].资源与人居环境,2008(06).

第6章 河南省中小城市安全评价指标体系构建

研究城市公共安全的基础是确定评价指标体系,采用哪些指标对公共安全进行评价,哪些因素影响着城市公共安全,如何通过这些指标对城市公共安全进行评估,因此,要回答这些问题的关键在于建立一个合理可行的指标体系。城市安全评价指标体系不仅可以用来评价城市安全程度,也是进行城市安全管理的基本科学依据,因此,在城市研究中具有重要作用。实现城市安全评价的核心工作是构建一套符合本地实际的安全评价指标体系,用以揭示和反映城市各项目指标的属性与特征。

基于本次研究的背景,本研究中延续了本课题组相关研究中城市安全性基于城乡规划学的视角,即城市规划建设运转的安全性,因而本次研究中指标体系中指标选取的内容和方法都紧密地与城乡规划学的视角相关联。

6.1 理论基础

6.1.1 系统工程学

系统工程以系统科学为标志,一般系统理论最早由理论生物学家贝塔朗菲提出,系统和其他事物一样,具有本身固有的区别于其他事物的属性或性质,一般有以下几个方面。

(1)整体性。系统科学家贝塔朗菲指出,机械论的错误观点之一,就是简单分解和简单相加,从而提出了关于系统组成的著名定律:整体恒大于各孤立部分的简单之和。

(2)有序性。由于系统的结构、功能和层次的动态演变有某种方向性,因而使系统具有有序性。系统的有序性可以表述为系统是由较低级的子系统组成的,而该系统又是更大系统的一个子系统。

(3)相关性。系统中各要素的特性和行为具有相互制约和相互影响的关系,这种相关性确定了系统特有的整体形态和功能,正如"整体的各个部分是密不可分的"。

(4)复杂性。系统多处于一个多变的环境约束之中,系统自身往往具有多结构层次演变,只有进行一系列运算分析和比较,才能权衡出较优的方案。

系统观点是系统科学提供科学观点,引导人们把事物作为一个系统来理解,把对事物的认识深入到复杂性的内在本质。对于城市安全而言,各种致灾因子构成了一个系统,各致灾因子存在着相互制约或抵消的关系,有的则相互配合加剧了某种作用,如某山地地区,在地震发生时可能还会引发泥石流、滑坡、崩塌等其他事故。

6.1.2 状态—压力—响应(Pressure-State-Response,PSR)模型理论

状态—压力—响应(Pressure-State-Response,PSR)模型是评估资源利用和持续发展的模式之一。其中压力指标用以表征造成发展不可持续的人类活动和消费模式或经济系统;状态指标用以表征可持续发展过程中的系统状态;反应指标用以表征人类为促进可持续发展进程所采取的对策。对于城市安全而言,灾害是脆弱性承灾体与致灾因子相互综合作用的结果。由于改变致灾因子是困难的,所以减灾的关键是降低承灾体的脆弱性,增强承灾体的抗灾能力。在灾害发生时,为了进一步降低城市的脆弱

性,就必须改进防灾与恢复能力。

6.1.3 等级理论

等级理论的发展是基于一般系统论、信息论、非平衡态热力学、数学以及现代哲学的有关理论之上的。根据等级理论,复杂系统具有离散型等级层次。一般而言,处于等级系统中高层次的行为或动态常表现出涵盖面广的特征,而低层次行为或过程的行为或动态则表现出涵盖面窄的特征。不同等级层次之间还具有相互作用的关系,即高层次对低层次有制约作用,而低层次则组成了高层次的内容。简言之,影响城市安全的主要因素有多种,而这些主要因素又可以分解为若干子因素,子因素可以进一步分解。即城市安全由若干相互联系的多重因素构成。

基于上述三个理论,可以看出城市安全涉及面广,影响因素多,是一个错综复杂的系统工程,受到多种因素的影响,并会因为影响因素的作用而发生变化。因而,城市安全问题研究要回归到对城市系统性的认识上来,强调对城市保持安全状态的日常能力的建设,以及对城市各种安全问题的综合应对。

6.2 指标体系的建立

在城乡规划学的相关研究中,缺少定量化研究一直是影响专业学术研究成果科学性的难题之一,结合城市安全性评价研究结果必须定量化的特点,在借助有关数学模型和方法的基础上,应选用相应指标对城市的安全性进行评价。

6.2.1 城市安全评价指标体系的构建原则

研究课题组认为,影响城市安全性的因素多,内容较为复杂,

本研究主要是基于城乡规划学的视角,是指城市建设运转的安全性,在城市安全评价指标体系的构建上,应符合以下几个原则:

(1)可计量性。一直以来,量化研究是城乡规划学中的薄弱环节,但既然是城市安全性的分析,量化研究便是研究成果中的一个必要内容。因而,选取的指标必须能够量化计算,以便于统计和评价,避免主观臆断产生的误差,得出客观合理的评价结果,能够反映城市安全性的数值。

(2)主导性。前面提过,影响城市安全的因素众多,涉及各个层次、各个领域,但既然要成立一个指标体系,其数目就既不能太多,也不能太少。太多的因素尽管能更完全地描述出不同因素对城市安全的影响,但太多的因素会削弱、分散主导因素对城市的影响效果。而如果因素太少,则无法看清导致城市安全高低的各种原因,难以得出比较全面、系统的结论。因而,应选择影响城市安全的主要因素作为指标,以能够相对完整地反映出影响城市安全性的主要因素。

(3)各因素间应相互独立、相互排斥。在所有影响城市安全的因素中,一些因素之间往往存在着复杂的相关关系,它们彼此相互制约、相互影响。但为了清楚地展现各因素对城市安全的不同效果以及所处地位,必须尽可能地谨慎分类,使得各因素间尽可能地相互独立。

合理的指标选取因素,对体系构建至关重要,是城市安全在更具体事物上的反映。除上述基本原则外,本研究在指标的选择上还遵循了以下事项。

①在选取因素层指标时,尽量吸取已有在城市方面的科学的研究成果,尽量减少个人主观理解对评价体系的影响。

②城市安全的涉及面广,包括城市规划建设的安全性、城市食品安全、城市能源安全、城市生产安全等,本研究中的城市安全主要是指与城市规划建设运转相关的城市安全性。因而,所选择的因素主要与城乡规划学学科相关。

6.2.2 城市安全评价指标体系的构建方法

城市公共安全具有多层次、多指标的特点,采用层次分析法(AHP)对城市安全进行定性和定量评价是可行的。针对此种体系结构,本文选用层次分析法作为评价指标体系的评估分析方法。因而,在构建指标体系的时候,遵从层次分析法的方法,建立层次结构:

应用 AHP 分析和解决问题时,需要明确研究问题的具体情况,把问题进行层层分解,通过专家的分析建立一个层次结构模型。在建立这个层次结构的时候,首先,确定决策目标,其次,明确影响这个目标的各个因素,然后,分析这些因素间的逻辑,最后,绘制决策的层次结构图,如图 6.1 所示:

第一层:称之为目标层。这一层仅有一个元素,说明了这个分析过程要完成的目标或者结果。

第二层:称之为准则层,这一层存在多个元素,它们互相存在着联系,并且都是目标层元素的影响因子,这一层的各因素即是从几个方面来说明目标层元素的。

第三层:称之为方案层,这一层就是实现目标层元素的可选的方案或措施。

第四层:称之为措施层,这一层是在方案层基础上的细化。

第五层:称之为分解层,这一层是在措施层基础上的进一步细化。

层次分析法就是考虑所有的相关因素,根据各因素对总体目标的影响,确定一个权重,即影响目标的程度高低,然后,通过这个程度的不同再根据方案进行选择或评价。最后得到的即是一个考虑了所有因素的综合权重评价。

构建层次结构是 AHP 中的关键,因为整个层次分析法的计算都是通过这个层次结构进行的,通过这个层次结构建立评定标准,建立权重大小,再逐级向上求得上一层的权重,然后,综合这些权重而得到最后的综合评级。

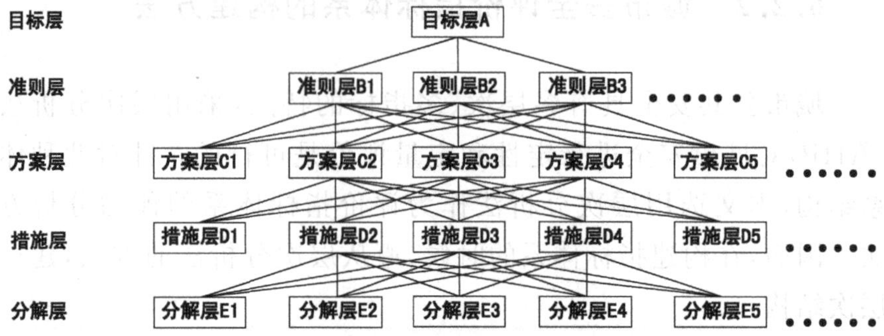

图 6.1　层次结构模型图

6.2.3　城市安全评价指标的组成

(1)指标体系中目标层、准则层的建立。本文主要是基于城乡规划学的基础,目标层就是指城市的安全性,进而将目标层分为脆弱性和抗灾能力两个方面,其中,如第二章中所述,将脆弱性分为自然灾害、城市火灾、地下事故、交通事故、刑事案件、战争、其他灾害等7方面,将救灾能力单独作为一个目标列出。这样一来,准则层中包含了8个因素。

(2)指标体系中方案层、措施层、分解层的建立。本文主要是为了对城市公共安全采取定量的标准进行评定,因此,在考虑建立指标体系的时候,在综合自然、人为等多方面因素的基础上,指标基本均为可以进行量化的因素,并对每一层次的下一级都进行了较细致的划分。

6.2.4　城市安全评价指标体系分解(详见附表二)

(1)自然灾害。自然灾害存在的形式千形万态,是由自然发生畸形变异时而产生的,它既包含了一些突发性的灾害,如地震、火山爆发、泥石流等,又包括了渐变性的灾害,像土地沙漠化、地面沉降等,还包括了人类活动带来的自然灾害,如水土流失、酸雨等。基于河南省的现实情况,考虑自然灾害带来的城市公共安全的危害,我们可以从较为直接的评判因素进行评定,下面选择了洪涝灾害、地震、地质灾害这几个对城市公共安全影响较大的自然灾害因素进行评价。

①洪涝灾害。洪涝灾害大多数发生在水域面积较大的区域,而我国幅员辽阔,在我国的所有面积中有四分之三的区域都遭受过不同程度的洪涝灾害破坏,并且洪涝灾害是我国发生频率最高、对国民经济影响最严重的自然灾害。那么,从城市的脆弱性上考虑,可以将洪涝灾害分为洪灾和涝灾,洪灾主要涉及防洪能力;而涝灾则涉及城市积水情况、暴雨因素、地形因素、排水管网等方面。

②地震。地震是对于城市安全影响较为直接而感受较为深刻的一种自然灾害,地震的发生通常会伴随着巨大的人员伤亡及社会的财产损失,河南省整体位于地震强度较小的地区。由于地震对人民生活财产安全将造成巨大影响,因而,将地震影响因子分为地震监测预报与预警能力、建筑物抗震性能等。

③地质灾害。地质灾害是近年来我国频发的一种灾害类型,包括滑坡、崩塌、泥石流、冲沟等。河南省地形以平原为主,但豫西、豫北和豫南地区存在着山地和丘陵地形,另外,河南省内由于煤炭等其他自然资源的过度开采,形成了一定范围和区域的采空区,因而,地质灾害也是必须要考虑的灾害类型。

此外,风灾(台风、海啸等)等灾害在河南省的危害性不是十分突出,没有单独作为一项在准则层列出。

(2)城市火灾。城市火灾危害主要研究城市可能遭受的某种程度的火灾灾害和社会后果的概率,火灾是否成灾及其损失程度,涉及的因素很多,首先与建筑科技、消防设施、可燃物燃烧特性以及天气、风速、湿度等固有因素有关,还与人们的生活习惯、教育程度、操作技能及规章制度、经济发展等社会因素有关。根据火灾的发生及管理情况,将城市火灾准则层分为火灾统计分析指标、公共消防设安全管水平及公共消防设施和防灭火力量。

①火灾统计分析指标。在火灾灾害评价指标中,火灾统计分析仍是最基础的数据,为政策的制定提供了依据。具体指标包括:百万人口火灾伤亡率、火灾起数上升率与当地经济增长速度比率以及火灾直接财产损失占当年度GDP比率。

②公共消防安全监管水平。公共的消防安全管理体现了消防安全管理水平。主要包括:重大工程项目的消防安全可靠性论证;评估和提供消防技术服务情况;建筑工程消防审核、验收合格率等。

③公共消防设施和防灭火力量。公共消防设施的建设是防范火灾范围扩大和救援灭火的基础。主要指标有:消火栓设置率、合格率;消防规划实施率等。

(3)地下事故。目前,我国地铁及管线施工等地下工程所涉及的项目之多、投资量之大,在世界工程建设史上是从来没有的。由于受地铁和地下工程建设特点和水文地质等多方面不确定性因素的影响,使得地铁与地下工程建设不可避免地存在许多工程建设风险。整体而言,在准则层可以将地下事故分为地下管线事故及其他地下事故。

①地下管线事故。被称为城市"生命线"的地下管线错综复杂,在方便城市生活的同时,也因施工不当、年久失修等问题存在很大的安全隐患,可能造成巨大的人员和财产损失,甚至成为当地居民的"夺命线"。统计数字显示,2009年至2013年,全国直接因地下管线事故而产生死伤的事故共27起,死亡人数达117人。但是,进行了地下管线普查的城市数量只有200多个,尚有很多城市未进行地下管线普查。基于此,将地下管线事故分为地下管线翻修周期和地下管线施工质量两方面。

②其他地下事故。其他地下事故包括地表塌陷、地下施工塌方、地下施工透水等。近年来,我国发生的地下事故屡见不鲜,包括1991年上海地铁施工过程中徐家汇事故、2000年河南安阳基坑事故等。基于此,将方案层分为地铁工程验收质量及水平、其他地下工程验收质量及水平、采空区占建设用地比例三个方面。

(4)交通事故。交通事故是指车辆在道路上因过错或者意外造成人身伤亡或者财产损失的事件。交通事故不仅是由不特定的人员违反交通管理法规造成的,也可以是由于地震、台风、山洪、雷击等不可抗拒的自然灾害造成的。交通事故的发生与城市的交通流状态、道路环境、交叉口条件及交通安全设施与管理有直接关系,因而,准则层的设计就是围绕这几方面展开的。

①交通流状态。交通事故发生的原因是多方面的,交通量是影响交通事故发生的最大的因素之一。因而,了解和掌握城市中的交通量、车流密度、限速管理水平以及大型车所占比例,对于分析交通事故的发生率是十分必要的。

②交通安全设施与管理。交通安全设施的作用是提高道路的交通安全,并且使所有道路使用者能够在道路上有效、有序地行驶和行走。对此准则层进行分解,可以将其分为标志和标线设置率及完好率、交通安全防护设施设置率及完好率、监控设备设置率及完好率、交警管理能力和水平四个方面。

其中,道路交通标志的设置原则应满足:根据客观需要设置;统一性和连续性相结合;昼夜性作用标志的照明和反光性。交通安全防护设施指建城区内主要道路上上行人过街设施(包括人行横道、人行过街天桥和地下通道)的设置情况。监视设备一般应安装在市内道路、关键立交区段、大桥和隧道等地方,利用电子雷达、违法视频抓拍等技术手段来干预驾驶人违法行为,这是很好地通过监控手段来干预驾驶人的违法行为的一种有效手段。美洲开发银行发表的一份调查报告指出,电子雷达的安装至少使巴西每年因交通事故死亡的人数减少了1500人。

③道路环境。道路环境规划建设的根本目的在于为驾驶者和行人提供良好的视觉条件,或帮助道路使用者看清周围环境,辨别方位。较好的道路条件可以提高道路环境的舒适性,增强交通引导性,提高道路利用率,降低城市道路交通事故。具体分为道路照明条件、通视条件、排水条件。

④交叉口条件。城市道路交叉口存在着不同类型的交错点,

是导致事故发生的主要原因。而交错点的多少不但取决于交叉口的类型、交通信号控制、交通安全设施等,还取决于进入交叉口的交通量、饱和度以及车辆的组成和车流特征。整体而言,将交叉口条件细分为交叉口行人过街设施设置率及完好率、交叉口渠化设置率及完好率、信号控制系统设置率及完好率三方面。

(5)刑事案件。过去30多年间,中国经历了高速的经济增长,与之相伴的是犯罪率的显著增加。2015年中国共批准逮捕各类刑事犯罪嫌疑人87.3万人,提起公诉139.1万人,相比于2000年分别上升22%和96.2%,相比于1990年分别上升44.2%和131.9%。不断攀升的犯罪率不仅对人民的财产生命安全造成了损害,破坏了社会稳定,还耗费了大量稀缺的生产性资源,引起了政府、社会各界以及研究者的高度重视。根据刑事案件自身的特点,从破坏力与控制力两方面对其进行分析,准则层分为刑事案件发生和刑事案件侦破两方面。

①刑事案件发生(破坏力)。破坏力是危害社会治安的力量,是影响社会治安状况的基本因素。此指标群客观反映治安状况,又称治安状况指标群。基于此,刑事案件发生方面包括刑事案件发案率、八类暴力型案件占全部刑事案件比率。

②刑事案件侦破(控制力)。控制力是维护社会治安的力量,对社会治安状况起决定性作用。此指标群客观反映各主体防控的结果,同时,反映出各主体努力过程,又称治安防控指标群。基于此,刑事案件侦破方面包括刑事案件破案率、每万人口警力配置率。

(6)战争。在冷战结束后,西方国家凭自己的意志发动或者介入局部战争的频率增加,蔑视国际关系的基本准则和联合国作用的行为时有发生。在这种背景下,对于城市安全而言,战争方面的威胁除了与国家军费的投入、军队作战能力的强弱有关之外,在城市中主要与城市人防工程相关,城市人防系统包括空袭指挥中心、专业防空设施、防空掩体工事、地下建筑、地下通道及战时所需的地下仓库、水厂、变电站、医院等设施。因而,本方面的准则层主要围绕人防工程进行考虑,将其细分为城市人口人均人防工程面积、人防工程总量达标率、配套工程规模达标率三个方面。

(7)其他灾害。在其他灾害中,包括城市公共场所人流聚集造成的恶性事件、疾病传播事件等。此方面的灾害与其他灾害一起,共同构成灾害的来源点,基于其他灾害的内容和特性,在准则层方面将其分为公众整体安全感和疾病防治。

①公众整体安全感。由于其他灾害涉及面较广,因而选取公众整体安全感指标。安全感是决定心理健康最重要的因素,是指个体在应对或控制源于生理和社会两方面的刺激时所产生的情绪、情感体验。公众整体安全感不仅对于个体乃至大众的心理健康有着重要意义,而且对于整个社会主义和谐社会的构建也同样有着重要价值。

②疾病防治。疾病也是城市致灾因素中的重要类型,历史上曾经发生过多次疾病传播导致灾难发生的实例。1520年,墨西哥因西班牙人进入发生天花病,造成300余万人死亡,在此后的50年内,墨西哥又因为天花丧生了近2000万人。1910~1913年,中国和印度发生淋巴腺鼠疫,流行期间,死亡数百万人。

基于此,将疾病防治准则层细分为儿童接种率、传染病发生率、医疗站场面积、安全饮用水普及、无害化公厕普及等五方面。

(8)救灾能力。救灾能力是针对灾害发生而言的,要根据城市灾害的致灾因素和产生先后的不同特点,合理采取相应的"避灾、防灾、减灾"措施和"测、报、防、抗、救、援"手段,尽最大能力保障人民生命财产安全和城市正常运行与发展。因而,相应的避难场地、救灾设施及安全政策是必不可少的,这也构成了准则层的内容。

①安全政策。近年来,中国政府在《国家综合减灾"十一五"规划》等文件中明确提出"十一五"期间(2006~2010年)及中长期国家综合减灾战略目标,即:建立比较完善的减灾工作管理体制

和运行机制等内容,即在政策层面对防灾减灾提出了具体的规定和要求。基于此,根据防灾相关特点及相关政策贯彻、学习、落实等有关步骤,将安全政策准则层划分为监测预警机制、法规体系建设、监督机制建设、安全制度建设四个方面。

灾害预警是指灾害发生前的应急网络的建立和灾害信息的发布。为便于应对特大自然灾害的发生,中央和地方(县级以上)政府,要逐步建立和完善自然灾害预警机制,责任要落实到具体人头上,减少灾害造成的各种破坏。如日本,日本在自然灾害,尤其是地震灾害方面的预警工作比较朝前,建立了一套比较完善的灾害预警系统,根据预测分析结果,运用各种方式进行突发事件预警信息的发布、调整和解除,从而有效减少人员伤亡和财产损失。

2009年,国务院新闻办公室发表《中国的减灾行动》白皮书,介绍中国减灾事业的发展状况。白皮书称,中国政府注重减灾的法制建设,20世纪80年代以来,先后颁布了30多部防灾减灾或与防灾减灾密切相关的法律、法规。白皮书称,中国注重减灾的法制建设,颁布实施一系列减灾法律、法规,逐步把减灾工作纳入法制化轨道,特别是在2008年1月1日《中华人民共和国城乡规划法》实施以来,把城市防灾规划纳入城市总体规划的强制性内容以后,对于地方政府城市安全性的政策法规体系建设显得尤为重要。

同时,对于城市而言,其安全性问题是应长久、持续关注的重大问题,应建立起相关有效制度,保障城市安全性教育有效进行,通过持续有效的制度建设,有效保障城市安全教育的长期持续开展。

此外,十七大报告指出:"实行民主监督,是人民当家做主最有效、最广泛的途径,必须作为发展社会主义民主政治的基础性工程重点推进。"为了深入贯彻地方防灾规章并使建设尽量与相关法律、法规符合,应努力创新监督方式,不断完善监督机制。

②救灾设施。根据城市防灾的特点和需要,城市生命线系统是指维持城市居民生活和生产活动必不可少的交通、能源、给水排水等城市基础设施。城市救灾设施一般情况下是针对单个灾种设置的,各种设施分别属于不同的防灾部门,在建设、使用和管理、运营上高度专门化,但设施的使用频率较低、防护面较窄。在灾害发生时,要充分考虑城市灾害的特点,综合组织布局防灾设施,形成救灾设施的联动机制。在准则层方面将其划分为给水设施、排水设施、供电设施、通信设施、燃气设施和医疗设施。

③疏散避难。在灾害来临时,疏散避难是城市防灾中的关键环节,没有合理的疏散通道及避难场地,人群的灾害就难以化解。根据疏散避难的需要,将其划分为疏散通道和避难场所两个方面。

防灾避难场所,是政府应对突发重大灾害以及战争可能对人民生命财产安全带来严重威胁时临时安置疏散人员的场所。避难场所的建设,是政府防灾工作未雨绸缪的主要举措,更是深入贯彻"三个代表"重要思想、科学发展观的重要举措。避难场所可以划分为紧急疏散场所、固定疏散场所和中心疏散场所。

防灾疏散通道是综合防灾规划除避难场地、防灾设施规划以外的另一个重要组成部分,是整个综合防灾体系能否起作用的关键。即使布置了避难场地、应急设施,却可能因为通道不畅等原因导致防灾效能不能完全发挥。所以城市内疏散通道的宽度不应小于15米,一般为城市主干道通向市内疏散场地和郊外旷地,或者通向长途交通设施。

6.2.5 城市安全评价指标体系建立

基于上述分析,城市安全性评价指标体系的一级指标由自然灾害、城市火灾、地下事故、交通事故、刑事案件、战争、其他灾害、救灾能力8个指标组成。每一要素又分为不同数量的二级指标、三级指标和四级指标,其中包含 21 个二级指标、65 个三级指标和 55 个四级指标(具体见附表二)。

6.3 指标体系的量化

6.3.1 评价指标的量化处理

对于城市安全评价指标体系确定中的定性和定量指标,在利用层次分析法进行安全评价求解过程中,需要对该两种指标进行归一化处理。

(1)定量指标的确定方法。在指标量化的过程中,定量指标相对于定性指标的数值确定要容易一些,主要采用分段 5—区间方法来确定,如下式:

$$E_{ij} = \begin{cases} y_{j1}, M_1 \leqslant x_{ij} \leqslant M_2 \\ y_{j2}, M_2 \leqslant x_{ij} \leqslant M_3 \\ y_{j3}, M_3 \leqslant x_{ij} \leqslant M_4 \\ y_{j4}, M_4 \leqslant x_{ij} \leqslant M_5 \\ y_{j5}, x_{ij} \geqslant M_5 \end{cases}$$

式中,E_{ij} 为第 i 个定量指标的确定值;y_{jk} 为某一个变化区间内的数值,x_{ij} 为第 i 类第 j 个指标的原始采集的数据值;$M_1 \sim M_5$ 为各区间变化的临界值。

(2)定性指标的定量化处理。由于受主观因素的影响,获得准确、可靠的特征值相对困难。目前应用最为广泛的是专家评议法。定性指标的好坏或优劣具有模糊性、随机性,专家根据自己对城市环境的了解情况,运用模糊数学的方法对评价指标特征值给出区间值或确定值,并在给出确定值的时候给出该值的置信度,然后对指标特征值进行模糊处理,其结果精确度就会大大提高。

定性指标采用下式来确定,之后同样采用分段 5—区间方法来确定。

$$B_{ij} = \begin{cases} a, N_{ij} = \text{Text}_1 \\ b, N_{ij} = \text{Text}_2 \\ c, N_{ij} = \text{Text}_3 \\ d, N_{ij} = \text{Text}_4 \\ e, N_{ij} = \text{Text}_5 \end{cases}$$

式中,B_{ij}为第 i 类第 j 个定性指标的确定值;a、b、c、d、e 为某一定性指标所对应的定性描述特性所确定的量化指标值;N_{ij} 为第 i 类第 j 个定性指标的原始状况描述($\text{Text}_1 \sim \text{Text}_5$),如"极好"、"较好"等。

(3)分级指标的定量分析结果的综合。对于定量指标和定性指标都量化后,各分级指标体系进行评价得到结果,要根据下式进行综合:

$$PJJG = \sum_{i=1}^{m} \sum_{j=1}^{n} A_{i,j} \cdot B_{i,j}$$

式中,$PJJG$ 为模型根据原始数据得到的城市安全状况评价结果;m 为待评价的类别数;n 为评价分数指标数;$A_{i,j}$ 为第 i 类第 j 个指标的权重计算值。

6.3.2 城市安全评价指标体系定量指标的确定

根据城市安全评价指标体系的定量指标和定性指标的情况,确定了各个评价指标的量化,如附表三所示。

6.4 城市公共安全评价指标的权重确定

6.4.1 评价指标体系层次结构模型

据前文所述,将城市公共安全评价指标体系按照层次分析法进行划分,建立评价指标体系的层次结构模型。

目标层(1个因素):城市公共安全评价指标体系。

准则层,即一级指标(8个因素):自然灾害、城市火灾、地下事故、交通事故、刑事案件、战争、其他灾害、救灾能力。

方案层,即二级指标(21个因素):洪涝灾害、风灾、地震、地质灾害、火灾统计分析指标、公共消防设施和防灭火力量、单位消防安全监管水平、地下管线、其他地下事故、交通流状态、交通安全设施与管理、道路环境、交叉口条件、刑事案件发生、刑事案件侦破、人防、公众整体安全感、疾病防治、安全政策、救灾设施、疏散避难。

措施层,即三级指标(65个因素):防洪能力、积水情况、暴雨因素、地形因素、排水管网、年均风速、风向情况、防护林带树种、平均高度、平均宽度、地震监测预报与预警能力、建筑物抗震性能、地质情况、地质灾害影响、火灾发生率、百万人口火灾伤亡率、火灾起数上升率与当地经济增长速度比率、火灾直接财产损失占当年度GDP比率、消火栓设置率、合格率及消防规划实施率、重大工程项目的消防安全可靠性论证、评估和提供消防技术服务情况、建筑工程消防审核、验收合格率、地下管线翻修周期、地下管线施工质量、地铁工程验收质量及水平、其他地下工程验收质量及水平、采空区占建设用地比例、交通量、车流密度、限速管理水平、大型车比例、标志及标线设置率及完好率、交通安全防护设施设置率及完好率、监控设备设置率及完好率、交警管理能力及水平、照明条件、通视条件、排水条件、交叉口行人过街设施设置率及完好率、交叉口渠化设置率及完好率、信号控制系统设置率及完好率、刑事案件发案率、八类暴力型案件占全部刑事案件比率、刑事案件破案率、城市摄像头分布密度、城市人口人均人防工程面积、人防工程总量达标率、配套工程规模达标率、公众整体安全感、儿童接种率、传染病发生率、医疗站场面积、百人、安全饮用水普及率、无害化公厕普及率、监测预警机制、法规体系建设、监督机制建设、安全制度建设、教育宣传及考核、给水设施、排水设施、供电设施、通信设施、燃气设施、医疗设施、城市疏散通道系统、城市避难场所系统。

分解层,即四级指标(55个因素):防洪堤坝长度比例、单位耕地面积水库库容、平均积水深度、主要积水位置、暴雨强度、暴雨频度、高程、坡度情况、坡向情况、管网排水能力、排水管网密度、地震监测能力、预报和预警能力、抗震设防要求的落实能力、建筑工程施工质量保证、基岩埋深、断裂构造及其分布、断裂构造的活动性、地形地貌、岩溶地面塌陷、滑坡、崩塌、河流冲蚀塌岸、软土引起的工程地质影响、监测系统、预警系统、地方消防规章建设情况、地方抗震防灾规章建设情况、地方防洪规章建设情况、地方人防规章建设情况、责任追究制度建立和落实情况、考核制度建立和落实情况、公示制度建立和落实情况、具体制度建立和落实情况、机构设置情况、岗位职责建立和落实情况、教育宣传日活动开展情况、媒体宣传情况、教育对象考核情况、教育业绩考核情况、给水管线长度、稳定性、排水管线长度、稳定性、供电管线长度、稳定性、通信管线长度、稳定性、燃气管线长度、稳定性、人均医疗用房面积、覆盖率、服务半径、城市出入口数量、对外交通枢纽种类及数量、各路段的网络连接度和控制值、人均紧急、固定、中心避难场所面积、覆盖率、服务半径。

6.4.2 量化形成判断矩阵

根据上节所构建的指标体系层次结构模型,依据1—9标度法构建两两比较矩阵,并邀请专家依照经验判定各层指标的重要度打分,将收集的打分表经过平均值后获得统一判断矩阵,确定了各个指标在城市公共安全中的重要程度。通过对专家打分表数据的处理,得到相对重要度矩阵。

对于南召县、箭厂河乡而言,准则层相对于目标层的判断矩阵

$$A_1 = \begin{bmatrix} 1 & \frac{1}{3} & 7 & 1 & 3 & 9 & 1 & \frac{1}{3} \\ 3 & 1 & 7 & 1 & 3 & 9 & 3 & 1 \\ \frac{1}{7} & \frac{1}{7} & 1 & \frac{1}{7} & \frac{1}{7} & 3 & \frac{1}{3} & \frac{1}{3} \\ 1 & 1 & 7 & 1 & 1 & 9 & 3 & \frac{1}{3} \\ \frac{1}{3} & \frac{1}{3} & 7 & 1 & 1 & 9 & 3 & 1 \\ \frac{1}{9} & \frac{1}{9} & \frac{1}{3} & \frac{1}{9} & \frac{1}{9} & 1 & \frac{1}{3} & \frac{1}{9} \\ 1 & \frac{1}{3} & 3 & \frac{1}{3} & \frac{1}{3} & 3 & 1 & \frac{1}{3} \\ 3 & 1 & 3 & 3 & 1 & 9 & 3 & 1 \end{bmatrix}$$

对于鲁山县、爪营乡而言,准则层相对于目标层的判断矩阵

$$A_2 = \begin{bmatrix} 1 & \frac{1}{3} & 3 & \frac{1}{7} & 2 & 9 & \frac{1}{3} & 1 \\ 3 & 1 & 5 & \frac{1}{4} & 5 & 9 & 1 & 5 \\ \frac{1}{3} & \frac{1}{5} & 1 & \frac{1}{9} & \frac{1}{3} & 3 & \frac{1}{7} & \frac{1}{5} \\ 7 & 4 & 9 & 1 & 3 & 9 & 3 & 9 \\ \frac{1}{2} & \frac{1}{5} & 3 & \frac{1}{3} & 1 & 5 & \frac{1}{6} & 3 \\ \frac{1}{9} & \frac{1}{9} & \frac{1}{3} & \frac{1}{9} & \frac{1}{5} & 1 & \frac{1}{5} & \frac{1}{4} \\ 3 & 1 & 7 & \frac{1}{3} & 6 & 5 & 1 & 6 \\ 1 & \frac{1}{5} & \frac{1}{5} & \frac{1}{9} & \frac{1}{3} & 4 & \frac{1}{6} & 1 \end{bmatrix}$$

对于许昌县、须水镇而言,准则层相对于目标层的判断矩阵

$$A_3 = \begin{bmatrix} 1 & \frac{1}{7} & 3 & \frac{1}{7} & \frac{1}{7} & 9 & \frac{1}{5} & \frac{1}{7} \\ 7 & 1 & 9 & 1 & 1 & 9 & 3 & \frac{1}{3} \\ \frac{1}{3} & \frac{1}{9} & 1 & \frac{1}{9} & \frac{1}{9} & 3 & \frac{1}{5} & \frac{1}{9} \\ 9 & 1 & 9 & 1 & 3 & 9 & 5 & 1 \\ 7 & \frac{1}{3} & 9 & \frac{1}{3} & 1 & 5 & 1 & 1 \\ \frac{1}{9} & \frac{1}{9} & \frac{1}{5} & \frac{1}{9} & \frac{1}{9} & 1 & \frac{1}{7} & \frac{1}{9} \\ 3 & \frac{1}{3} & 3 & \frac{1}{3} & \frac{1}{3} & 7 & 1 & \frac{1}{5} \\ 7 & 3 & 9 & 1 & 1 & 9 & 5 & 1 \end{bmatrix}$$

对于许昌县、鲁山县、南召县、须水镇、爪营乡、箭厂河乡,方案层相对于准则层的 B1、B2、B3、B4、B5、B6、B7、B8 分别为:

$$B1 = \begin{bmatrix} 1 & 9 & 3 & 3 \\ \frac{1}{9} & 1 & 1 & \frac{1}{3} \\ \frac{1}{3} & \frac{1}{3} & 1 & \frac{1}{3} \\ \frac{1}{3} & 3 & 3 & 1 \end{bmatrix}, B2 = \begin{bmatrix} 1 & 1 & 1 \\ 1 & 1 & 1 \\ 1 & 1 & 1 \end{bmatrix}, B3 = \begin{bmatrix} 1 & 3 \\ \frac{1}{3} & 1 \end{bmatrix},$$

$$B4 = \begin{bmatrix} 1 & 3 & 3 & 7 \\ \frac{1}{3} & 1 & 1 & 3 \\ \frac{1}{3} & 1 & 1 & 3 \\ \frac{1}{7} & \frac{1}{3} & \frac{1}{3} & 1 \end{bmatrix}, B5 = \begin{bmatrix} 1 & 1 \\ 1 & 1 \end{bmatrix}, B6 = 1,$$

$$B7 = \begin{bmatrix} 1 & 1 \\ 1 & 1 \end{bmatrix}, B8 = \begin{bmatrix} 1 & 1 & 1 \\ 1 & 1 & 1 \\ 1 & 1 & 1 \end{bmatrix}$$

对于许昌县、鲁山县、南召县、须水镇、爪营乡、箭厂河乡，措施层相对于方案层的 C1、C2、C3、C4、C5、C6、C7、C8、C9、C10、C11、C12、C13、C14、C15、C16、C17、C18、C19、C20、C21 分别为：

$$C1=\begin{bmatrix} 1 & 1 & 1 & 1 & 1 \\ 1 & 1 & 1 & 1 & 1 \\ 1 & 1 & 1 & 1 & 1 \\ 1 & 1 & 1 & 1 & 1 \\ 1 & 1 & 1 & 1 & 1 \end{bmatrix}, C2=\begin{bmatrix} 1 & 7 & 3 \\ \frac{1}{7} & 1 & \frac{1}{3} \\ \frac{1}{3} & 3 & 1 \end{bmatrix},$$

$$C3=\begin{bmatrix} 1 & 3 \\ \frac{1}{3} & 1 \end{bmatrix}, C4=\begin{bmatrix} 1 & \frac{1}{3} \\ \frac{1}{3} & 1 \end{bmatrix},$$

$$C5=\begin{bmatrix} 1 & 1 & 3 \\ 1 & 1 & 3 \\ \frac{1}{3} & \frac{1}{3} & 1 \end{bmatrix}, C6=\begin{bmatrix} 1 & 3 \\ \frac{1}{3} & 1 \end{bmatrix}, C7=\begin{bmatrix} 1 & 1 & \frac{1}{3} \\ 1 & 1 & \frac{1}{3} \\ 3 & 3 & 1 \end{bmatrix},$$

$$C8=\begin{bmatrix} 1 & \frac{1}{3} \\ 3 & 1 \end{bmatrix},$$

$$C9=\begin{bmatrix} 1 & \frac{1}{7} & \frac{1}{3} \\ 7 & 1 & 3 \\ 3 & \frac{1}{3} & 1 \end{bmatrix}, C10=\begin{bmatrix} 1 & 3 & 3 & 3 \\ \frac{1}{3} & 1 & 3 & 3 \\ \frac{1}{3} & \frac{1}{3} & 1 & 1 \\ \frac{1}{3} & \frac{1}{3} & 1 & 1 \end{bmatrix},$$

$$C11=\begin{bmatrix} 1 & \frac{1}{3} & \frac{1}{3} & \frac{1}{3} \\ 3 & 1 & 1 & 1 \\ 3 & 1 & 1 & 1 \\ 3 & 1 & 1 & 1 \end{bmatrix}, C12=\begin{bmatrix} 1 & 1 & 3 \\ 1 & 1 & 3 \\ \frac{1}{3} & \frac{1}{3} & 1 \end{bmatrix},$$

第 6 章　河南省中小城市安全评价指标体系构建

$$C13 = \begin{bmatrix} 1 & 3 & 1 \\ \frac{1}{3} & 1 & \frac{1}{3} \\ 1 & 3 & 1 \end{bmatrix}, C14 = \begin{bmatrix} 1 & 3 \\ \frac{1}{3} & 1 \end{bmatrix}, C15 = \begin{bmatrix} 1 & 3 \\ \frac{1}{3} & 1 \end{bmatrix},$$

$$C16 = \begin{bmatrix} 1 & 1 & 1 \\ 1 & 1 & 1 \\ 1 & 1 & 1 \end{bmatrix}, C17 = 1, C18 = \begin{bmatrix} 1 & 1 & 1 & 1 & 1 \\ 1 & 1 & 1 & 1 & 1 \\ 1 & 1 & 1 & 1 & 1 \\ 1 & 1 & 1 & 1 & 1 \\ 1 & 1 & 1 & 1 & 1 \end{bmatrix},$$

$$C19 = \begin{bmatrix} 1 & 3 & 3 & 3 & 3 \\ \frac{1}{3} & 1 & 1 & 1 & 1 \\ \frac{1}{3} & 1 & 1 & 1 & 1 \\ \frac{1}{3} & 1 & 1 & 1 & 1 \\ \frac{1}{3} & 1 & 1 & 1 & 1 \end{bmatrix}, C20 = \begin{bmatrix} 1 & 1 & 1 & 1 & 1 & 1 \\ 1 & 1 & 1 & 1 & 1 & 1 \\ 1 & 1 & 1 & 1 & 1 & 1 \\ 1 & 1 & 1 & 1 & 1 & 1 \\ 1 & 1 & 1 & 1 & 1 & 1 \\ 1 & 1 & 1 & 1 & 1 & 1 \end{bmatrix},$$

$$C21 = \begin{bmatrix} 1 & 1 \\ 1 & 1 \end{bmatrix}$$

对于许昌县、鲁山县、南召县、须水镇、爪营乡、箭厂河乡，由于部分分解层没有措施层，分解层相对于措施层的 D1、D2、D3、D4、D5、D9、D10、D11、D12、D53、D54、D55、D56、D57、D58、D59、D60、D61、D62、D63、D64、D65 分别为：

$$D1 = \begin{bmatrix} 1 & 3 \\ \frac{1}{3} & 1 \end{bmatrix}, D2 = \begin{bmatrix} 1 & 3 \\ \frac{1}{3} & 1 \end{bmatrix}, D3 = \begin{bmatrix} 1 & 3 \\ \frac{1}{3} & 1 \end{bmatrix},$$

$$D4 = \begin{bmatrix} 1 & 3 & 3 \\ \frac{1}{3} & 1 & 3 \\ \frac{1}{3} & \frac{1}{3} & 1 \end{bmatrix}, D5 = \begin{bmatrix} 1 & 3 \\ \frac{1}{3} & 1 \end{bmatrix}, D9 = \begin{bmatrix} 1 & 1 \\ 1 & 1 \end{bmatrix},$$

$$D10=\begin{bmatrix}1&1\\1&1\end{bmatrix}, D11=\begin{bmatrix}1&1&1\\1&1&1\\1&1&1\end{bmatrix}, D12=1, D53=\begin{bmatrix}1&1\\1&1\end{bmatrix},$$

$$D54=\begin{bmatrix}1&1&1&1\\1&1&1&1\\1&1&1&1\\1&1&1&1\end{bmatrix}, D55=\begin{bmatrix}1&1&1\\1&1&1\\1&1&1\end{bmatrix}, D56=\begin{bmatrix}1&1&1\\1&1&1\\1&1&1\end{bmatrix},$$

$$D57=\begin{bmatrix}1&1&1&1\\1&1&1&1\\1&1&1&1\\1&1&1&1\end{bmatrix}, D58=\begin{bmatrix}1&\frac{1}{3}\\3&1\end{bmatrix}, D59=\begin{bmatrix}1&\frac{1}{3}\\3&1\end{bmatrix},$$

$$D60=\begin{bmatrix}1&\frac{1}{3}\\3&1\end{bmatrix}, D61=\begin{bmatrix}1&\frac{1}{3}\\3&1\end{bmatrix}, D62=\begin{bmatrix}1&\frac{1}{3}\\3&1\end{bmatrix},$$

$$D63=\begin{bmatrix}1&\frac{1}{3}\\3&1\end{bmatrix}, D64=\begin{bmatrix}1&1&1\\1&1&1\\1&1&1\end{bmatrix}, D65=\begin{bmatrix}1&1&3\\1&1&3\\\frac{1}{3}&\frac{1}{3}&1\end{bmatrix}$$

经一致性检验,均合格,详细权重见附表四、附表五、附表六。

6.4.3 指标体系评语集的建立

对指标体系进行评价的过程中,确定指标权重,对指标的权重进行测定之前,首先要建立一个评语集及评分标准,使得在之后的评价中有一个标准的参考,以便于专家对基准层各指标进行打分。

由评分标准可知,本论文对指标评价结果的标准制定分为五个等级:安全、较安全、一般安全、较不安全、不安全。得到评语集:

$$V=(安全、较安全、一般安全、较不安全、不安全)。$$

第 6 章　河南省中小城市安全评价指标体系构建

表 6.1　城市安全程度划分一览表

安全程度	安全	较安全	一般安全	较不安全	不安全
分　数	[90,100]	[80,90)	[70,80)	[60,70)	[0,60)

第 7 章　基于大数据的城市安全性评价

联合国于 2012 年发表了《大数据促发展:挑战与机遇》白皮书,指出"大数据时代"已经到来,将持续、深刻地影响着全球经济社会生活的方方面面。大数据具有海量、多源、时空数据的特征,将对各学科及其研究领域的数据收集与利用、分析方法与研究手段带来革命性的改变。

对于城市规划来说,对规划的编制和管理决策,大数据提供了从"小样本分析"到"海量呈现",从"滞后化"到"实时化",从"专家领衔"到"公众参与",从"人工化"到"智能化",从"分散化"到"协同化"等多维转变的可能;对规划的实施评价,大数据指明了从"以空间为本"到"以人为本",从"静态、蓝图式"到"动态、过程式",从"粗放化"到"精细化"的转变方向。

本章将大数据运用于对城市安全性评价中来,将大数据分析与传统调研方法结合,很好地补充了传统调研方法采集数据样本不全面的局限性。为更科学的城市安全建设提供具有指导意义的依据。

7.1　大数据应用提高了城市研究和问题解决的能力

在大数据时代下,"大数据"是指使用海量数据进行海量计算,从而获得巨大价值的信息、洞见的思维和行动方式,大数据具有容量大(Volume Big)、种类多(Variety Type)、速度快(Velocity

第7章 基于大数据的城市安全性评价

Fast)和价值密度低(Value High and Low Density)四大特点。(周婕,邹游.大数据背景下的城乡规划研究思考[A].第十七届中国科协年会——分16 大数据与城乡治理研讨会论文集[C],2015.)这些看似无关的数据,当量大到一定程度时,数据之间的联系和规律也就随之凸显出来。因此,原本很难收集与使用的数据开始变得容易被获取和分析,使得规划编制与管理能够更加客观地认识城市的现状和未来,使得大数据精准化辅助城乡规划和建设成为可能。

大数据表示的是过去,但表达的是未来,其意义在于通过海量数据的集中整合、挖掘、揭示传统技术难以展现的关联、关系,让我们更清楚地理解事物本质,把握未来取向,从而发现新规律、提升新能力。近年来,大数据的挖掘及其应用已经成为国内外城市、地理与社会学研究的前沿内容,涵盖了城市市民活动、城市空间组织、社会文化、旅游行为、企业经济、物流交通及规划管理等多个方面(表7.1)。

表7.1 大数据在城市研究中的应用统计

研究内容	主要研究人员	人员简介	研究案例
决策支持与管理系统	谭英嘉	深圳市综合交通设计研究院	城市公交线网管理与规划决策,支持系统开发和应用
			公交站点数字化协同管理系统设计与实现——以深圳市为例
城市模型/模拟	苗旭	北京晶众智慧交通科技有限公司	基于手机大数据的城市规划与交通出行特征分析
等级体系和空间结构	席广亮	南京大学建筑与城市规划学院	网络消费时空演变及区域联系特征研究——以京东商城为例
	王德	同济大学建筑与城市规划学院	基于手机信令数据的城市空间分析框架、难点及初步进展

续表

研究内容	主要研究人员	人员简介	研究案例
土地利用	龙瀛	北京城市规划设计研究院,北京城市实验室创始人	利用道路网和兴趣点 POI 生成全国 297 个城市的用地现状图
			How Mixed is Beijing, China? A visual exploration of mixed land use
交通出行	龙瀛	北京城市规划设计研究院,北京城市实验室创始人	利用公交刷卡数据分析北京职住关系和通勤出行
	尹凌	中国科学院深圳先进技术研究院	从大规模短期规则采样的手机定位数据中识别居民职住地
	罗震东	南京大学	基于流空间的苏州多尺度空间关系研究
城市空间	秦萧	南京大学博士生	基于网络口碑度的南京城区餐饮业空间分布格局研究
	王波	香港大学博士生	南京市区活动空间总体特征研究——基于大数据的实证分析
	朱寿佳	南京大学硕士生	基于智能手机调查的校园空间使用研究
	董琦	中国城市规划设计研究院规划师	基于 LBS 应用的网络营销影响下的城市居民消费空间研究
规划方案评价	丘建栋	深圳市交通规划设计研究中心	大数据——交通规划、管理与政策的新思路
	钮心毅	同济大学建筑与城市规划学院	手机数据和城市空间结构——基于规划评估思路的探索
公共设施需求与建设	王德	同济大学建筑与城市规划学院	上海市养老机构布局
环境影响和事后评价	龙瀛	北京城市规划设计研究院,北京城市实验室创始人	全国城市增长边界评价
			全国各街道 PM2.5 暴露评价

第 7 章 基于大数据的城市安全性评价

续表

研究内容	主要研究人员	人员简介	研究案例
城市特征与活动	王文俊	天津大学计算机学院教授、博士生导师、副院长	基于出租车数据的城市内人群移动模式对比分析
	强思维	上海交通大学	基于移动网络流量日志的城市空间行为分析
城市社交关系	李清泉	深圳大学空间信息智能感知与服务深圳市重点实验室	社交网络大数据分析
	甄峰	南京大学建筑与城市规划学院	基于百度指数的长三角核心区城市网络特征研究
	茅明睿	北京市城市规划设计研究院规划信息中心主任	规划行业微博人脉特征分析——以中规院、清规院和北规院为例
城市重大事件	OmniEye团队	上海交通大学	危害公共安全事件的关联、关系挖掘及预测
城市公共参与	王鹏	清华同衡城市规划设计研究院信息中心副主任	北京旧城文化遗产APP
			"哪儿打车"APP
			白塔寺社区有机更新公众参与APP
	茅明睿	北京市城市规划设计研究院规划信息中心主任	街道环境改善设计竞赛公众参与平台
	宋刚	北京市城市管理综合行政执法局科技信息中心主任	北京智慧城管:综合应用平台

新形势下,新问题不断涌现,城市研究的难度加大,特别是当前社会流动性增强,人流、物流、资金流、信息流相互交错融合,形成了巨大而复杂的流动空间。流动既带来了社会活力,同时,也使得城市问题更趋复杂化。在这种情况下,大数据的优势得到了

充分的发挥,每一次、任何形式的流动都不可避免地要在大数据中留痕,根据这些痕迹我们不但可以查找线索,更可以对数据进行分析处理,形成预警、预判,为城市研究和城市问题解决提供有效的信息数据支撑。英国学者维克托·迈尔·舍恩伯格和肯尼斯·库克耶在其编写的《大数据时代》一书中前瞻性地指出,大数据给我们的生活、思维、工作带来了巨大的改变,开启了一个时代的重要转型。

7.2 大数据与传统调研方法结合支撑城市安全性评价

7.2.1 数据类型及获取方式

针对上一章提出的城市的安全性评价指标体系,传统调研方法的数据在全面性、时效性、准确性等方面存在限制。在大数据的支撑下,获取数据的来源和类型变得丰富,数据获取渠道更加通畅,数据精确性、时效性、全面性极大提高,保证了安全性评价体系对数据的客观性和全面性的要求,同时,为城市安全性的动态评价提供了重要的可靠参考(图7.1)。

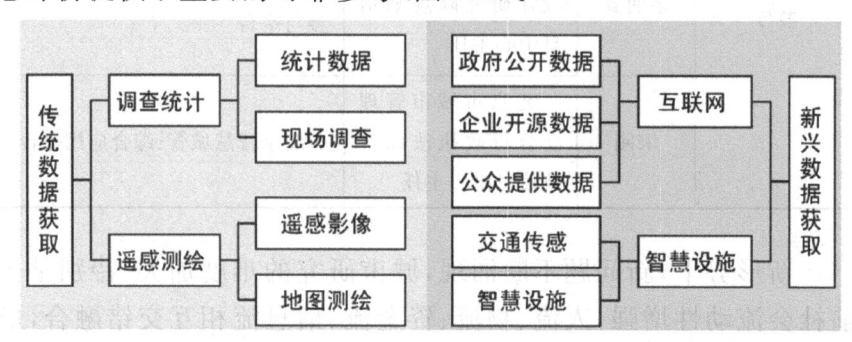

图 7.1 传统数据与新兴数据类型及获取方式比较

第7章 基于大数据的城市安全性评价

目前,通过不同渠道和方式,可以获取以下八种类型的大数据资源,见表7.2。政府、行业和企业数据,可以采用申请、购买、开发网络爬虫软件等形式获取多类型共享数据、社交媒体数据以及开放数据。通过运营商、第三方平台和指定管理机构,可以获取特定地区、特定时间段内的包括GPS定位数据、手机信令数据、公共交通IC刷卡数据等在内的全样本、实时动态的居民生活和出行行为数据。

表7.2 城市安全性评价所需大数据一览表

数据类型	数据来源	数据内容	获取方式	成本	数据描述
政府开放数据	政府门户网站;政府相关部门	统计数据、经济发展数据、年鉴、人口普查、社区资料等	网站直接下载;向有关政府部门申领	较低	属于传统数据,数据精度低,时效性差
行业开放数据	行业主管部门公开数据;如规划局、气象局、消防站、交通局、地震局等	各行业开放数据,如气象局的气象资料,消防站的消防设施数据等	向相关行业主管部门直接申领	较低	行业专项开放数据,部分数据精度高
企业网站共享数据	网站直接下载;网络平台提供付费服务	包括街道、POI等在内的地理空间数据;如百度地图、谷歌地图、众源地理空间数据	网站免费下载;网站开放接口程序,用户根据需要付费	较高	多为基础地理信息数据,精度高
网络社交媒体数据	网站直接抓取;网站提供API接口	从微博等社交网站上抓取关注的个人用户的签到、点评等数据	开发网络爬虫软件直接抓取感兴趣数据,需要具备专业网络抓取、存储和分析技术	较高	多为居民活动数据,涵盖范围较广,精度较高

· 89 ·

续表

数据类型	数据来源	数据内容	获取方式	成本	数据描述
智能移动终端数据	交通管理部门；第三方平台付费服务	从移动终端、公交卡、停车卡等智能设备上提取的车辆和居民的实时位置、停车场等数据	交通部门申领；第三方平台收费提供服务	高	某一段时间内全样本数据，数据精度高
移动手机信令数据	移动通讯企业（三大移动运营商）	移动手机的定位、通信、归属地等数据	购买运营商数据	很高	某一段时间内全样本数据，数据精度高
科研团体共享数据	研究团体通过网络等方式共享其科研成果和数据	以上类型数据都有可能成为共享数据，但数据内容和范围受研究团体关注的限制	网站直接下载	免费	特定范围和时间的数据，精度较高
特定类型数据	实地调研、文件调查	为满足特定要求进行的实地调研等需求	需要进行实地调研和后期分析	较高	小样本数据

7.2.2 数据采集分析方法

一切数据的采集、分析都离不开三种途径：测量、记录及计算。

（1）测量。对于地球的测量工作，Google 公司向全球提供了电子地图服务，包括局部详细的卫星照片。设计人员足不出户就能了解基地周边环境情况，甚至街道景观图片，极大地提高了资料获取难易度，使设计人员可以迅速建立对基地的感性认识。除此以外，开放街道图（Open Street Map，简称OSM）是一个网上地图协作计划，目标是创造一个内容自由且能让所有人编辑的世界地图。OSM的地图由用户根据手持GPS装置、航空摄影照片、卫星影像、其他自由内容，甚至单靠用户对目标区域的熟悉而具有的空间知识绘制。网站里的地图图像及向量数据皆以共享创意姓名标示。

2010年海地大地震中，OSM极大地提高了地面搜救小队的工作效率。这个地图以GeoEye等公司提供的最新卫星照片为基础，又加入了很多最新的情况，工作人员和志愿者可以随时用随身的电脑或手机在地图上即时标注救护站、帐篷和倒塌的大桥，不在前线的工作人员则可以增加一些通过twitter传来的情况。它绘制出的海地灾区地图，几乎每一秒都是最新的。

与此同时，国家测绘地理信息局目前正大力打造数字城市、天地图和地理国情监测三大平台，已逐步构建了可以支撑城乡规划获取所需大数据的渠道，并且从2004年开始，南京市规划局尝试与教育局、交通局、城管局等合作，共同维护城乡空间综合管理平台。

（2）记录。大数据时代的来临，标志着文本、音频、视屏等以前传统数据采集不被记录的方式都被记录了下来。

首先，在政府层面上，美国政府率先在全世界建立了第一个数据开放的政府门户网站Data.gov.，可以显示全国的地理特征、天气变化、交通情况、某一地区的犯罪案件的多少。中国开放了National Data.gov.cn作为国家数据库；北京市开放了BjData.gov.cn；上海开放了上海政府数据服务DataShanghai.gov.cn。同时，通过市民平台的搭建，城市管理者与设计者能更好地与市民沟通，将公众参与网络化。2016年，上海市研发了灾情直报型北斗减灾信息终端设备，这是一种基于北斗卫星民用项目研发的手持式移动终端，具有国内市场主流智能手机终端所有功能。其内置"中国第二代卫星导航系统重大专项"支持研发的BDS/GPS双模定位芯片，支持BDS/GPS单系统和组合定位功能；支持

2G/3G/4G 语音通讯和数据通信。主要用于 2G/3G/4G 通信网络覆盖程度较高的地区,装备对象是基层社区的灾害信息员,可以实现现场灾情采集直报、应急减灾信息服务接收、日常应急通信联络等业务应用。这一设备的使用,将有效提升基层社区灾情数据采集效率,为自然灾害灾情管理工作注入科技效能。

其次,可穿戴设备的兴起使我们可以方便地获取机器和传感器数据。RFID 电子标签已得到越来越广泛的使用。如基于 RFID 技术的小区安防系统设计,可以在小区的各个通道和人员可能经过的通道中安装若干个阅读器,并且将它们通过通信线路与地面监控中心的计算机进行数据交换。同时,在每个进入小区的人员车辆上放置有 RFID 电子标签身份卡,当人员车辆进入小区,只要通过或接近放置在通道内的任何一个阅读器,阅读器即会感应到信号同时立即上传到监控中心的计算机上,计算机就可判断出具体信息(如:是谁、在哪个位置、具体时间),管理者也可以根据大屏幕上或电脑上的分布示意图点击小区内的任一位置,计算机即会把这一区域的人员情况统计并显示出来。同时,一旦小区内发生事故(如:火灾、抢劫等),可根据电脑中的人员定位分布信息马上查出事故地点周围的人员车辆情况,然后,可再用探测器在事故处进一步确定人员准确位置,以便帮助公安部门以准确快速的方式营救出遇险人员和破案。浙江省宁波市首创危化品运输车辆动态监控平台,大大提高了危化品安全监控管理水平。安徽省创新监管办法,以大数据为依托,建立工程建设监管和信息平台,让监管无死角,收到了很好的效果。

此外,各种公益平台的搭建可以收集尽可能多的市民意见。茅明睿工程师所在的北京规划院根据所获取的全北京 2008 年、2010 年各一周的公交 IC 卡刷卡数据以及 2013 年每季度一周的刷卡数据,约 8000 万条记录,分析了城市的职住分布、居住与就业特征、居民的通勤轨迹等。Liu 等(2009 年)获取深圳市带有 GPS 出租车数据 5000 个,公交或地铁智能卡数据 500 万个,运用聚类和统计分析方法定量说明城市居民出行的通勤流量、不同地点出行关系、出行和土地利用关系。

(3) 计算。大数据的收集很多时候可以二次利用、分析计算得到数据,呈现给大众更直白易懂的信息。结合城市安全规划,大数据计算可以在预知风险和理性救援方面发挥重要作用。

首先,在预测方面,典型的大数据预测包括疾病疫情预测、灾害灾难预测、环境变迁预测、交通行为预测等。如借助廉价的传感器摄像头和无线通信网络,进行实时的数据监控收集,再利用大数据预测分析,做到更精准的诸如地震、洪涝、高温、暴雨等自然灾害预测。山东省济南市公安局构建大数据、云计算中心,在实时掌握犯罪轨迹、预判犯罪热点等方面发挥了重要作用。

其次,在理性救援方面,上海交通大学大数据工程技术研究中心研究发现,一旦发生自然灾害,通过大数据技术建立海量遥感数据获取、存储与分析体系,将为"理性救灾"指明道路。例如,可以在地震发生后的第一时间,依靠卫星或航空遥感技术,远程获取灾区现场数据,评估和预测灾区受损情况,明确物资需求,规划救援道路,从而有助于制定合理的救援计划,最大程度减小灾害影响。对于特大型城市而言,大数据也能针对人流量超载发出预警,避免踩踏事件发生。

7.3 对城市安全性评价中大数据应用方面的总结

通过本次对河南省中小城市安全性评价,我们选取了许昌县、鲁山县、南召县及须水镇、爪营乡、箭厂河乡 6 个中小城市,基于大数据进行城市安全性的评价。通过本次实践,我们发现:大数据的出现,为城市安全性评价工作带来了新的思路和技术方法,促使传统的以主观判断为主的定性分析和以小数据为主的定量分析转向更为精细化的大数据定量分析。尽管如此,大数据在城市安全性评价及其他城市规划工作中的实际运用依然存在着很多挑战。

(1)数据的获取与共享。大数据在数据获取方式上,虽然较传统的数据采集更加容易,采集成本低,但与城市安全性评价有关的数据分属于不同的职能部门和单位,例如,风灾洪灾等自然灾害数据、火灾消防数据、地下管线事故数据、交通事故数据等,分属于天气预报部门、消防部门、城市各地下管线运营部门、交通部门、城市规划部门等。目前各个部门大多拥"数"自重,这些数据对于部门不仅涉及安全,甚至与利益直接挂钩。虽然,这些数据也被所属单位作为重要的商业资源,如百度等搜索公司掌握了海量的大数据,开始为一些用户提供大数据的行业分析定制服务,但总体来说,数据的共享与开放程度较低。这些数据大多处于保密或半公开状态,要逐一从各个单位获取相关资料较为困难。

此外,部分资料的获取存在较大困难,如,对于公园、景区等人流量较大的区域,可供市民行走的面积因为要剔除景观、绿化带等的面积而并不能很清楚地得出。

"数据割裂的状况下是无法完成大数据治理的。"中关村大数据产业联盟秘书长赵国栋说。以外滩踩踏为例,交通部门及运营商能掌握人流聚集情况,而百度、腾讯等公司能通过用户搜索知道聚集原因,综合这些信息才能对人群走向及规模作出完整的判断。

(2)数据分析力不强。大数据可以提出预警,但是预警值还需要专业部门提出。例如,在世博会期间人群聚集达 30 万人是正常的,而在外滩聚集 30 万人可能就是危险的,而这个"预警阈值"还需要靠专业人士给出,光靠技术人员是无法提供的。与此同时,在一些公共景区的管理中,规定室外空间超过 0.75 平方米/人时,就要采取限流措施,但"0.75"这个值的判断需要进行系统的评估和研究。

在对获取的数据进行标准化处理时,存在一定的人为主观因素,使得数据有效性缺乏客观的判别。"就算我们拿到了大量的数据,也不一定知道怎么使用。"上海交通大学大数据工程技术研究中心副主任金之俭说,我们的模型还不够强大,处理手段还比较单一,多维数据传递了很多信息,而我们只能不断过滤,最终只会让预测的风险出现更多误差。"这就好比三维空间的人无法理解四维空间的信息一样,到了阈值再做预警就晚了。"

(3)数据传播手段单一。"紧急预警系统"采用专网、广播、商业通信、社交网络等工具发布预警信息,可以"立体化"地对公众进行信息播报,确保灾害、避难等有效信息能及时传达。这一系统将在可能发生洪水、飓风、沙尘暴和暴风雪时,通过一些兼容的智能手机发送警告信息,不过它对发送的地区、手机型号、字符数量都有一定的限制,但常用的手机型号都是可以兼容的。对于无法立刻观看电视或收听广播的人而言,这种信息渠道显得至关重要。

(4)数据挖掘与可视化

大数据的海量性与低价值密度特性决定了传统基于小样本的数据挖掘分析方法,面对海量大数据的处理时显得有些力不从心。因而,基于地理信息系统平台的地理空间计算,实现数据结果的可视化,数据的挖掘、处理、分析的理论和技术有待进一步提升。

综上,特别是对于中小城市来说,由于占有资源的匮乏性,以上四个方面的问题更加突出,在对其安全性评价中,我们只能运用大数据的数据样本大的特性,以弥补小样本数据无法或不易完成的研究,尚有大量的物联网数据和居民活动信息数据有待融入其中。

7.4 对城市安全性评价中大数据应用方面的展望

专家认为,应利用手机或移动终端,建立"大数据"模型分析并预测风险,发挥其对公共安全危机的重要预警作用,避免大数据成为闲置的"大量数据"。基于数据资源体系的公共安全数据资源管理平台,对城市运行中有关公共安全的数据进行采集、整合、加工,通过一些特定的交通、人流、气象等信息,梳理城市运行体征,为城市运行安全监测、综合分析、预警预测、辅助决策等提供服务,最终提高城市公共安全管理水平。

(1)政府需要搭建开放平台,这是大数据治理的基础。无论是数据汇集还是数据挖掘,光靠政府是无法充分体现价值的,因此,政府应当抱有开放的心态。一些地方政府过分强调企业的地域属性显然不利于发展。如贵阳市即将在全城布点无线WiFi,并且将WiFi里产生的数据无偿向社会开放,这就是政府开放的积极探索。

(2)政府利用购买服务等方式整合多方数据,共同挖掘数据价值。百度研究院大数据实验室专家表示,百度作为互联网企业,掌握了大量搜索、地图等实时信息,但是,这些数据如何用于社会治理,还需政府主动作为、提出需求。例如,某地区有50人或5万人搜索"PX",背后的含义就完全不同。

通信运营商手中掌握了大量有价值的数据,但这些数据远没有被充分利用。如果运营商数据利用得当,不仅可以预测人流量,预警公共事件,而且可以辅助城市规划、确定公交线路等,这也将提升城市治理水平。

(3)完善相关法律法规,确保数据安全。首先,信息安全问题。网络是培养传谣、虚假广告、假货、黄赌毒等信息的"温床",为社会带来极大的数据危害,特别在"互联网+"时代,更是发展出与传统网络不同的新型信息安全风险,智慧城市既要善于利用大数据,又要精于缩减大数据。

其次,隐私保护问题。一个虚假的移动应用可能窃取用户隐私数据;一个病毒木马可能劫持用户短信;在企业端,没有加密的用户数据可能被脱库,这些隐私保护问题可能随时导致一个智慧城市的数据瓦解,甚至在市民心中形象崩塌。

此外,基于数据业务的互联网服务也面临着数据风险,"用户端+网络传输+业务系统+企业IT系统"这一套体系中,每一个层面都有可能发生问题,限制了智慧城市正常有序的推进。

因此,大数据支持城市安全性评价,需要出台有关法律,对数

第7章　基于大数据的城市安全性评价

据收集等方面进一步加以明确和保障。综上分析,虽然大数据在城市规划工作(包括城市安全性评价)方面依然处于探索阶段,也面临着诸多挑战,但是,我们依然可以预见到,在大数据时代,在各类丰富的数据中发掘各类城市要素之间的内在关联,深入揭示城市复杂系统的运行规律,评价其安全性,进而指导城市规划、建设与管理是大势所趋。

第8章 河南省中小城市安全评价应用与分析

本章运用第5章所构建的河南省中小城市安全性评价体系，以河南省中小城市——许昌县、鲁山县、南召县及须水镇、爪营乡、箭厂河乡为例，进行城市安全性评价的应用研究。通过得到的各地城市安全相关数据，使用层次分析法，对上述地区的城市公共安全现状进行评价，以验证本研究报告所建立的评价模型的可行性。

本文选择以中小城市为例，主要是基于大城市及特大城市中设施配套往往相对比较齐全，而中小城市设施配置水平相对不高，安全宣传相对较少，人们安全意识整体偏弱，因而对其进行研究，可以更好地、有针对性地采取相应手段，提升城市安全水平和人们安全意识。基于此，本次研究选择以县（含县级市）、乡（镇）两个层次进行分析研究。

8.1 许昌县、鲁山县、南召县及须水镇、爪营乡、箭厂河乡概况及其公共安全现状

8.1.1 县（含县级市）

（1）许昌县。许昌县为许昌市下辖县，地处河南省中部，环抱许昌市区，是全国最大的档发加工出口基地、腐竹生产集散地和

童鞋加工基地,是河南省首批对外开放重点县和发展开放型经济先进县。许昌县县域总面积1002平方千米,耕地面积101万亩,辖16个乡镇,445个行政村,7个居委会,总人口80万,城区常住人口为27.38万人。许昌县属于典型的较大城市周边地区的中小城市。

(2)鲁山县。鲁山县为平顶山市下辖县,位于河南省中西部,伏牛山东麓,东经112°14′~113°14′,北纬33°34′~34°00′之间,北依洛阳市、南临南阳市、东接平顶山。地处北亚热带向暖温带过渡地带,年均气温14.8℃,年均降水量1000毫米。全县东西长92千米,南北宽44千米,总面积2432平方千米,总人口87万人,城区常住人口为25.08万人。鲁山县属于典型的城市密集地区的中小城市。

(3)南召县。南召县为南阳市下辖县,位于河南省西南部,伏牛山南麓,南阳盆地北缘,东邻方城、南接南阳市区、西临内乡、北靠鲁山、嵩县,素有"北扼汝洛、南控荆襄"之称,东西长约95千米,南北宽约62千米,总面积2946平方千米,城区常住人口18.56万人。南召县由于地处山区,属于相对边缘的中小城市。

8.1.2 乡(镇)

(1)郑州市中原区须水镇。须水镇位于郑州市区西部、距市中心约15千米,东联郑州市城区、西接荥阳市、南依二七区马寨镇、北邻陇海铁路与高新技术开发区,地域面积58.82平方千米。须水镇交通便利,郑上路、西四环路呈十字形从镇域中心东西、南北向穿过,西南绕城高速公路、西三环路分别从须水镇域西侧、东侧通过。镇域人口为9.32万人,镇区人口为2.56万人(2006年)。综合其特点,须水镇属于典型的大城市周边地区的小城镇。

(2)河南省兰考县爪营乡。爪营乡位于兰考县城东北12千米处,220国道穿乡而过。全乡辖爪营一村、爪营二村、爪营三村、爪营四村、曹庄、栗东、栗西、齐场、程庄、卜场、黄窑、朱场、程场、凡寨、贾寨 15 个行政村（由于行政划分和地理分布的特点,15 个行政村同时也是 15 个自然村）,其中,爪营一村、爪营二村、爪营三村、爪营四村、曹庄共同构成镇区。爪营乡地处平原,地势开阔平坦,整个地形由西北向东南倾斜,海拔高程大约在 57~70 米之间。镇域总人口为 4.0 万人,镇区人口为 1.48 万人（2009 年）。综合其特点,爪营乡属于典型的城镇密集地区的小城镇。

(3)河南省新县箭厂河乡。箭厂河乡地处大别山腹地,是新县的南大门,南与湖北省红安县接壤。全乡辖 13 个行政村和 182 个村民组,总人口 1.71 万人,总面积 61.95 平方千米,其中,耕地面积 1.1 万亩,山场面积 6.3 万亩,人均 4 亩山场、7 分耕地。箭厂河乡乡域轮廓呈梯形,自然特点是"八山一水一分田",乡域四周均被山脉环绕,形成天然盆地,大部分山地海拔在 110~250 米之间。箭厂河乡域总面积为 61.95 平方千米,总人口为 1.71 万人,镇区人口为 0.1 万人。综合其特点,箭厂河乡属于典型的边缘地区的小城镇。

8.2 许昌县、鲁山县、南召县及须水镇、爪营乡、箭厂河乡城市安全评价

为了可以进行科学、方便的评价,首先根据城市公共安全指标体系量化评分表并结合许昌县、鲁山县、南召县及须水镇、爪营乡、箭厂河乡实际情况,邀请专家对许昌县、鲁山县、南召县及须水镇、爪营乡、箭厂河乡的城市公共安全指标体系进行打分评定,具体见附表七、附表八、附表九、附表十、附表十一、附表十二。

依照附表四、附表五中所得指标权重,以及附表七、附表八、附表九、附表十、附表十一、附表十二中专家对许昌县、鲁山县、南召县及须水镇、爪营乡、箭厂河乡的各项指标的打分,运用加权求和的计算方法 $A = \sum_{i=0}^{n} p_i w_i$ 可以得出：

第8章 河南省中小城市安全评价应用与分析

许昌县城市安全评定分数为:76.22255,为及格水平。
鲁山县城市安全评定分数为:71.98580,为及格水平。
南召县城市安全评定分数为:72.45420,为及格水平。
须水镇城市安全评定分数为:70.17084,为及格水平。
爪营乡城市安全评定分数为:61.57771,为及格水平。
箭厂河乡城市安全评定分数为:58.76399,为不及格水平。

第 9 章　结论与启示

9.1　结论

在上一章中,对许昌县、鲁山县、南召县及须水镇、爪营乡、箭厂河乡的城市安全性进行了各级指标的评定和打分评判,结合目前的研究情况,以及在评价中各中小城市比较薄弱的环节,提出以下结论。

①一般情况下,河南省中等城市的安全性高于小城市的安全性。

本研究报告通过层次分析法,对许昌县、鲁山县、南召县及须水镇、爪营乡、箭厂河乡的城市安全性进行了分析比较,可以看出,除极个别指标外,其余指标基本呈现县城比小城市高的情况,在层次分析法矩阵差别不大的情况下,县城的安全性往往高于乡镇的安全性。

②一般情况下,无论是中小城市,在同一类别进行比较时,往往呈现出较大城市周边地区中小城市的城市安全性最高,城市密集地区的中小城市安全性居中,而边缘地区的中小城市安全性最差的情况。

城市规模与经济发展、民众安全意识、安全管理能力往往呈正相关关系。而规模越大的城市,城市安全的经济投入、民众安全意识、安全管理能力往往越高。因而,往往呈现规模越大的城市,其安全性越高的特点。但本次研究中,由于鲁山县在城市火灾管理等方面有较大漏洞,即便南召县在自然灾害等方面相对薄弱,但综合各方面,鲁山县城市安全性弱于南召县城市安全性。

③在无重要自然灾害的情况下,城市安全性与人为因素联系更为紧密。

在城市安全性评价的8个一级指标中,除了自然灾害指标与自然相关外,其余指标均与人为因素相关。此外,城市火灾、地下事故、交通事故、刑事案件、战争、其他灾害、救灾能力等均与人为因素相关。同时,河南省本身并非自然灾害高发地区,除了个别地区外,河南省的自然灾害情况并不突出,同时,经过专家打分,自然灾害所占权重较小,因而,城市安全性与人为因素联系更为紧密。

(4)影响城市安全性的因素很多,但基于每座城市的情况差异,每种因素所起的作用并不相同。

由于城市所处的地理位置、自然环境、管理能力等诸多方面的差异,影响城市安全性的因素所起作用有所不同,如在本次研究中,经过专家意见综合得出,由于位于山区,在南召县与箭厂河乡中,自然灾害所占比重相对较大;而由于许昌县、鲁山县、须水镇、爪营乡位于平原地区,人车流较为密集,交通事故所占比重相对较大。因而,针对具体城市的安全性分析,必须针对其具体特点,合理确定每种权重的具体影响。

9.2 启示

(1)针对每座城市的不同情况,采取不同举措加强城市安全性。回顾2015年,交通事故、电梯事故、城市火灾、危险品爆炸、城市内涝等各类安全事故频发,经济、社会损失严重。从国际经验来看,在快速的城镇化进程中,各类安全事故是社会发展难以避免的代价,但如何通过人本化、智能化、精细化的管理提升城市安全水平,增强安全意识、消除安全隐患,是当下亟需关注的问题。

因不同城市的地理位置、自然条件、规划建设情况不同,故不同的城市呈现不同的致灾因子,且致灾因子所发挥的作用不同,因而,应该针对得分较低且所占权重较大的因子,进一步加大投入,以更好地增强城市的安全性。

(2)以制度作为保障,积极加强城市安全制度建设和管理。完善的制度可以帮助政府及城市规划者建立一个安全的管理体系,对城市的公共安全进行管理,而公共配套设施的建立可以提高公众对于该城市的安全的满意度。提高公众的安全意识,保证城市民众的安全需求,这就需要进一步建立健全管理制度与监督机构,充分发挥各职能部门功能。一个完善的管理制度能够保证城市中各个环节都能够很好的、安全的运行,可以充分发挥政府的管理能力,履行政府的服务职责。而一个全面的监督机构可以使得管理制度能够在监督之下很顺利地发挥其作用,达到效益最大化,并且在监督的过程中可以发现一些新的问题,再反馈回来又服务于管理制度的建立。

(3)进一步完善城市安全应急体系。城市安全中的应急体系是非常重要的,一个合理的城市安全应急体系能在灾害出现时有效地增强城市的安全能力。因而,应积极规划城市安全应急体系,在公共安全应急方案运行中,各基层单位的应急应该服从上一级地方政府的领导,从而对应急执行进行统一的指挥。

①进一步修订完善城市应急预案体系。经过修订后的各类应急预案更具针对性、实用性和可操作性。针对突发公共事件防范应对工作的新形势和新任务,积极与省政府应急办进行预案对接。市政公用局按照应急管理"进部门、进班组、进岗位"的要求,在本行业、领域及重点部位,全面开展应急预案编制修订工作,预案涉及城市供水、供热、排水、市容环境卫生等多个领域,并根据工作要求对预案实行动态化管理。

②着重抓突发事件的预警预测、信息报告和信息发布工作。应急办围绕提高全市应对突发公共事件能力,建立突发公共事件

季度和年度趋势分析、对策研究及工作评估机制。

（4）建立合理的城市公共安全管理机构。"三分规划、七分管理"，在前面对六座城市的公共安全能力进行了各级指标的评定和打分评判，结合目前的研究情况，以及在评价中城市比较薄弱的环节，应进一步强化人们的城市安全意识，加强城市安全管理，提出以下建议措施，可予以参考。根据资料的整理以及理论的分析，提出以下的管理机构建议措施。

①成立"城市公共安全体系领导小组"。

领导小组组长：市委、市政府。

领导小组副组长：市委办公厅、市政府办公厅。

领导小组成员：市委研究室等其他局级关联单位。

②成立城市公共安全专家委员会。

专家小组组长：建议由市政府有关领导担任。专家小组成员：建议由各行业部门有关专家、科研院校（所）有关专家组成。

专家小组任务：进行城市公共安全体系建设发展的规划，为城市公共安全体系建设提供决策咨询，参加技术方案的制定等项工作。

③建成城市危机管理机制和统一的城市危机应急指挥系统，使城市危机管理实行法制化、防范集约化、应急智能化，实现体系的完备、迅速互动、保障有力的目标。

（5）加大城市安全管理的宣传教育。安全工作的基础，首先在于预防，而预防的前提是搞好宣传教育培训，这就是我们常说的"预防为主""教育先行""防患于未然"。目前，各个部门都在进行有关公共安全的宣传教育工作，只有搞好平时的各种灾害的宣传教育培训工作，才能为应对城市灾害提供必要的条件。

但是，目前也存在着一些迫切需要解决的问题。比如，在安全宣传教育方面缺乏统一的组织协调机制，缺乏强有力和健全的领导体系，缺乏必备的法律法规，缺乏开展这些教育的场所和设施，也缺乏开展这种教育的中长期规划和必备教材。以后，应通过科普等活动进一步加大公众对城市安全知识的系统了解和掌握，做到预防和应对灾害齐头并举，以更好地保障城市安全。

附表一 河南省城市、县城、镇、乡市政公用设施水平综合表（2012—2013）

表 1.1 河南省城市市政公用设施水平综合表（2012—2013）

年份	人口密度（人/平方公里）	人均日生活用水量（升）	用水普及率（%）	燃气普及率（%）	建成区供水管道密度（公里/平方公里）	人均城市道路面积（平方米）	建成区排水管道密度（公里/平方公里）	人均公园绿地面积（平方米）	建成区绿化覆盖率（%）	建成区绿地率（%）	污水处理厂集中处理率	生活垃圾无害化处理率
2012	4964	104.09	91.76	77.94	8.69	11.08	7.79	9.23	36.90	32.32	86.32	86.40
2013	4982	105.38	92.16	81.98	8.72	11.57	7.99	9.58	37.60	32.93	89.27	90.04

表 1.2 河南省县城市政公用设施水平综合表（2012—2013）

年份	人口密度（人/平方公里）	人均日生活用水量（升）	用水普及率（%）	燃气普及率（%）	建成区供水管道密度（公里/平方公里）	人均城市道路面积（平方米）	建成区排水管道密度（公里/平方公里）	人均公园绿地面积（平方米）	建成区绿化覆盖率（%）	建成区绿地率（%）	污水处理厂集中处理率	生活垃圾无害化处理率
2012	2426	119.77	64.66	34.28	5.57	12.54	6.44	5.18	15.85	11.55	78.83	74.21
2013	2423	118.81	65.51	37.04	5.73	13.00	6.89	5.49	16.37	12.74	76.31	76.74

附表一　河南省城市、县城、镇、乡市政公用设施水平综合表(2012—2013)

表 1.3　河南省建制镇市政公用设施水平综合表(2012—2013)

年份	人口密度（人/平方公里）	人均日生活用水量（升）	用水普及率（%）	燃气普及率（%）	人均道路面积（平方米）	排水管道暗渠密度（公里/平方公里）	污水处理率（%）	污水处理厂集中处理率	人均公园绿地面积(平方米)	建成区绿化覆盖率（%）	建成区绿地率（%）	生活垃圾处理率（%）	无害化处理率
2012	5679	79.62	74.02	6.46	11.92	4.26	8.79	6.96	1.76	21.95	4.34	79.03	6.21
2013	5530	81.50	74.68	7.38	10.46	4.34	18.99	9.23	1.70	21.60	4.31	79.02	6.32

表 1.4　河南省乡市政公用设施水平综合表(2012—2013)

年份	人口密度（人/平方公里）	人均日生活用水量（升）	用水普及率（%）	燃气普及率（%）	人均道路面积（平方米）	排水管道暗渠密度（公里/平方公里）	污水处理率（%）	污水处理厂集中处理率	人均公园绿地面积(平方米)	建成区绿化覆盖率（%）	建成区绿地率（%）	生活垃圾处理率（%）	无害化处理率
2012	5666	76.17	66.09	3.49	10.46	4.16	0.90	0.33	1.02	22.19	4.09	73.24	4.02
2013	5551	73.82	65.33	3.73	10.94	4.32	5.40	0.42	1.01	21.14	4.12	74.21	4.57

附表二 河南省中小城市安全性评价指标体系表

一级指标	二级指标	三级指标	四级指标
自然灾害 B1	洪涝灾害 C1	防洪能力 D1	防洪堤坝长度比例 E1
			单位耕地面积水库库容 E2
		积水情况 D2	平均积水深度 E3
			主要积水位置 E4
		暴雨因素 D3	暴雨强度 E5
			暴雨频度 E6
		地形因素 D4	高程 E7
			坡度情况 E8
			坡向情况 E9
		排水管网 D5	管网排水能力 E10
			排水管网密度 E11
	风灾 C2	年均风速 D6	
		风向情况 D7	
		防护林带树种、平均高度、平均宽度 D8	
	地震 C3	地震监测预报与预警能力 D9	地震监测能力 E12
			预报和预警能力 E13
		建筑物抗震性能 D10	抗震设防要求的落实能力 E14
			建筑工程施工质量保证 E15
	地质灾害 C4	地质情况 D11	基岩埋深 E16
			断裂构造及其分布 E17
			断裂构造的活动性 E18
			地形地貌 E19
		地质灾害影响 D12	岩溶地面塌陷、滑坡、崩塌、河流冲蚀塌岸、软土引起的工程地质影响 E20

附表二　河南省中小城市安全性评价指标体系表

续表

一级指标	二级指标	三级指标	四级指标
城市火灾 B2	火灾统计分析 C5	火灾发生率 D13	
		百万人口火灾伤亡率 D14	
		火灾起数上升率与当地经济增长速度比率、火灾直接财产损失占当年度 GDP 比率 D15	
	公共消防设施和防灭火力量 C6	消火栓设置率、合格率 D16	
		消防规划实施率 D17	
	单位消防安全监管水平 C7	重大工程项目的消防安全可靠性论证 D18	
		评估和提供消防技术服务情况 D19	
		建筑工程消防审核、验收合格率 D20	
地下事故 B3	地下管线 C8	地下管线翻修周期 D21	
		地下管线施工质量 D22	
	其他地下事故 C9	地铁工程验收质量及水平 D23	
		其他地下工程验收质量及水平 D24	
		采空区占建设用地比例 D25	
交通事故 B4	交通流状态 C10	交通量 D26	
		车流密度 D27	
		限速管理水平 D28	
		大型车比例 D29	
	交通安全设施与管理 C11	标志、标线设置率及完好率 D30	
		交通安全防护设施设置率及完好率 D31	
		监控设备设置率及完好率 D32	
	道路环境 C12	交警管理能力及水平 D33	
		照明条件 D34	
		通视条件 D35	
	交叉口条件 C13	排水条件 D36	
		交叉口行人过街设施设置率及完好率 D37	
		交叉口渠化设置率及完好率 D38	
		信号控制系统设置率及完好率 D39	

续表

一级指标	二级指标	三级指标	四级指标
刑事案件 B5	刑事案件发生 C14	刑事案件发案率 D40	
		八类暴力型案件占全部刑事案件比率 D41	
	刑事案件侦破 C15	刑事案件破案率 D42	
		城市摄像头分布密度 D43	
战争 B6	人防 C16	城市人口人均人防工程面积 D44	
		人防工程总量达标率 D45	
		配套工程规模达标率 D46	
其他灾害 B7	公众整体安全感 C17	公众整体安全感 D47	
	疾病防治 C18	儿童接种率 D48	
		传染病发生率 D49	
		医疗站场面积 D50	
		安全饮用水普及率 D51	
		无害化公厕普及率 D52	
救灾能力 B8	安全政策 C19	监测预警机制 D53	监测系统 E21
			预警系统 E22
		法规体系建设 D54	地方消防规章建设情况 E23
			地方抗震防灾规章建设情况 E24
			地方防洪规章建设情况 E25
			地方人防规章建设情况 E26
		监督机制建设 D55	责任追究制度建立和落实情况 E27
			考核制度建立和落实情况 E28
			公示制度建立和落实情况 E29

附表二　河南省中小城市安全性评价指标体系表

续表

一级指标	二级指标	三级指标	四级指标
救灾能力 B8	安全政策 C19	安全制度建设 D56	具体制度建立和落实情况 E30
			机构设置情况 E31
			岗位职责建立和落实情况 E32
		教育宣传及考核 D57	教育宣传日活动开展情况 E33
			媒体宣传情况 E34
			教育对象考核情况 E35
			教育业绩考核情况 E36
	救灾设施 C20	给水设施 D58	给水管线网密度 E37
			稳定性 E38
		排水设施 D59	排水管线网密度 E39
			稳定性 E40
		供电设施 D60	供电管线网密度 E41
			稳定性 E42
		通信设施 D61	通信管线网密度 E43
			稳定性 E44
		燃气设施 D62	燃气管线网密度 E45
			稳定性 E46
		医疗设施 D63	人均医疗用房面积 E47
			覆盖率 E48
			服务半径 E49
	疏散避难 C21	城市疏散通道系统 D64	城市出入口数量 E50
			对外交通枢纽种类及数量 E51
			各路段的网络连接度和控制值 E52
		城市避难场所系统 D65	人均紧急、固定、中心避难场所面积 E53
			覆盖率 E54
			服务半径 E55

附表三 河南省中小城市安全性评价指标体系三、四级指标的量化

三级指标	四级指标	1	2	3	4	5
防洪能力	防洪堤坝长度比例	很差	不及格	及格	较好	极好
	单位耕地面积水库库容	区间一	区间二	区间三	区间四	区间五
积水情况	平均积水深度	[0,40)	[40,60)	[60,80)	[80,90)	[90,100]
	主要积水位置	[0,40)	[40,60)	[60,80)	[80,90)	[90,100]
暴雨因素	暴雨强度	[0,40)	[40,60)	[60,80)	[80,90)	[90,100]
	暴雨频度	[0,40)	[40,60)	[60,80)	[80,90)	[90,100]
地形因素	高程	[0,40)	[40,60)	[60,80)	[80,90)	[90,100]
	坡度情况	[0,40)	[40,60)	[60,80)	[80,90)	[90,100]
	坡向情况	[0,40)	[40,60)	[60,80)	[80,90)	[90,100]
排水管网	管网排水能力	[0,40)	[40,60)	[60,80)	[80,90)	[90,100]
	排水管网密度	[0,40)	[40,60)	[60,80)	[80,90)	[90,100]
年均风速		[0,40)	[40,60)	[60,80)	[80,90)	[90,100]
风向情况		[0,40)	[40,60)	[60,80)	[80,90)	[90,100]
防护林带树种、平均高度、平均宽度		[0,40)	[40,60)	[60,80)	[80,90)	[90,100]
地震监测预报与预警能力	地震监测能力	[0,40)	[40,60)	[60,80)	[80,90)	[90,100]
	预报和预警能力	[0,40)	[40,60)	[60,80)	[80,90)	[90,100]

附表三　河南省中小城市安全性评价指标体系三、四级指标的量化

续表

三级指标	四级指标	1	2	3	4	5
建筑物抗震性能	抗震设防要求的落实能力	[0,40)	[40,60)	[60,80)	[80,90)	[90,100]
	建筑工程施工质量保证	[0,40)	[40,60)	[60,80)	[80,90)	[90,100]
地质情况	基岩埋深	[0,40)	[40,60)	[60,80)	[80,90)	[90,100]
	断裂构造及其分布	[0,40)	[40,60)	[60,80)	[80,90)	[90,100]
	断裂构造的活动性	[0,40)	[40,60)	[60,80)	[80,90)	[90,100]
	地形地貌	[0,40)	[40,60)	[60,80)	[80,90)	[90,100]
地质灾害影响	岩溶地面塌陷、滑坡、崩塌、河流冲蚀塌岸、软土引起的工程地质影响	[0,40)	[40,60)	[60,80)	[80,90)	[90,100]
火灾发生率		[0,40)	[40,60)	[60,80)	[80,90)	[90,100]
百万人口火灾伤亡率		[0,40)	[40,60)	[60,80)	[80,90)	[90,100]
火灾起数上升率与当地经济增长速度比率、火灾直接财产损失占当年度GDP比率		[0,40)	[40,60)	[60,80)	[80,90)	[90,100]
消火栓设置率、合格率		[0,40)	[40,60)	[60,80)	[80,90)	[90,100]
消防规划实施率		[0,40)	[40,60)	[60,80)	[80,90)	[90,100]
重大工程项目的消防安全可靠性论证		[0,40)	[40,60)	[60,80)	[80,90)	[90,100]
评估和提供消防技术服务情况		[0,40)	[40,60)	[60,80)	[80,90)	[90,100]
建筑工程消防审核、验收合格率		[0,40)	[40,60)	[60,80)	[80,90)	[90,100]

续表

三级指标	四级指标	1	2	3	4	5
地下管线翻修周期		[0,40)	[40,60)	[60,80)	[80,90)	[90,100]
地下管线施工质量		[0,40)	[40,60)	[60,80)	[80,90)	[90,100]
地铁工程验收质量及水平		[0,40)	[40,60)	[60,80)	[80,90)	[90,100]
其他地下工程验收质量及水平		[0,40)	[40,60)	[60,80)	[80,90)	[90,100]
采空区占建设用地比例		[0,40)	[40,60)	[60,80)	[80,90)	[90,100]
交通量		[0,40)	[40,60)	[60,80)	[80,90)	[90,100]
车流密度		[0,40)	[40,60)	[60,80)	[80,90)	[90,100]
限速管理水平		[0,40)	[40,60)	[60,80)	[80,90)	[90,100]
大型车比例		[0,40)	[40,60)	[60,80)	[80,90)	[90,100]
标志、标线设置率及完好率		[0,40)	[40,60)	[60,80)	[80,90)	[90,100]
交通安全防护设施设置率及完好率		[0,40)	[40,60)	[60,80)	[80,90)	[90,100]
监控设备设置率及完好率		[0,40)	[40,60)	[60,80)	[80,90)	[90,100]
交警管理能力及水平		[0,40)	[40,60)	[60,80)	[80,90)	[90,100]
照明条件		[0,40)	[40,60)	[60,80)	[80,90)	[90,100]
通视条件		[0,40)	[40,60)	[60,80)	[80,90)	[90,100]
排水条件		[0,40)	[40,60)	[60,80)	[80,90)	[90,100]
交叉口行人过街设施设置率及完好率		[0,40)	[40,60)	[60,80)	[80,90)	[90,100]

附表三　河南省中小城市安全性评价指标体系三、四级指标的量化

续表

三级指标	四级指标	1	2	3	4	5
交叉口渠化设置率及完好率		[0,40)	[40,60)	[60,80)	[80,90)	[90,100]
信号控制系统设置率及完好率		[0,40)	[40,60)	[60,80)	[80,90)	[90,100]
刑事案件发案率		[0,40)	[40,60)	[60,80)	[80,90)	[90,100]
八类暴力型案件占全部刑事案件比率		[0,40)	[40,60)	[60,80)	[80,90)	[90,100]
刑事案件破案率		[0,40)	[40,60)	[60,80)	[80,90)	[90,100]
每万人口警力配置率		[0,40)	[40,60)	[60,80)	[80,90)	[90,100]
城市人口人均人防工程面积		[0,40)	[40,60)	[60,80)	[80,90)	[90,100]
人防工程总量达标率		[0,40)	[40,60)	[60,80)	[80,90)	[90,100]
配套工程规模达标率		[0,40)	[40,60)	[60,80)	[80,90)	[90,100]
公众整体安全感		[0,40)	[40,60)	[60,80)	[80,90)	[90,100]
儿童接种率		[0,40)	[40,60)	[60,80)	[80,90)	[90,100]
传染病发生率		[0,40)	[40,60)	[60,80)	[80,90)	[90,100]
医疗站场面积/百人		[0,40)	[40,60)	[60,80)	[80,90)	[90,100]
安全饮用水普及率		[0,40)	[40,60)	[60,80)	[80,90)	[90,100]
无害化公厕普及率		[0,40)	[40,60)	[60,80)	[80,90)	[90,100]

续表

三级指标	四级指标	1	2	3	4	5
监测预警机制	监测系统	[0,40)	[40,60)	[60,80)	[80,90)	[90,100]
	预警系统	[0,40)	[40,60)	[60,80)	[80,90)	[90,100]
法规体系建设	地方消防规章建设情况	[0,40)	[40,60)	[60,80)	[80,90)	[90,100]
	地方抗震防灾规章建设情况	[0,40)	[40,60)	[60,80)	[80,90)	[90,100]
	地方防洪规章建设情况	[0,40)	[40,60)	[60,80)	[80,90)	[90,100]
	地方人防规章建设情况	[0,40)	[40,60)	[60,80)	[80,90)	[90,100]
监督机制建设	责任追究制度建立和落实情况	[0,40)	[40,60)	[60,80)	[80,90)	[90,100]
	考核制度建立和落实情况	[0,40)	[40,60)	[60,80)	[80,90)	[90,100]
	公示制度建立和落实情况	[0,40)	[40,60)	[60,80)	[80,90)	[90,100]
安全制度建设	具体制度建立和落实情况	[0,40)	[40,60)	[60,80)	[80,90)	[90,100]
	机构设置情况	[0,40)	[40,60)	[60,80)	[80,90)	[90,100]
	岗位职责建立和落实情况	[0,40)	[40,60)	[60,80)	[80,90)	[90,100]
教育宣传及考核	教育宣传日活动开展情况	[0,40)	[40,60)	[60,80)	[80,90)	[90,100]
	媒体宣传情况	[0,40)	[40,60)	[60,80)	[80,90)	[90,100]
	教育对象考核情况	[0,40)	[40,60)	[60,80)	[80,90)	[90,100]
	教育业绩考核情况	[0,40)	[40,60)	[60,80)	[80,90)	[90,100]
给水设施	给水管线长度	[0,40)	[40,60)	[60,80)	[80,90)	[90,100]
	稳定性	[0,40)	[40,60)	[60,80)	[80,90)	[90,100]

附表三　河南省中小城市安全性评价指标体系三、四级指标的量化

续表

三级指标	四级指标	1	2	3	4	5
排水设施	排水管线长度	[0,40)	[40,60)	[60,80)	[80,90)	[90,100]
	稳定性	[0,40)	[40,60)	[60,80)	[80,90)	[90,100]
供电设施	供电管线长度	[0,40)	[40,60)	[60,80)	[80,90)	[90,100]
	稳定性	[0,40)	[40,60)	[60,80)	[80,90)	[90,100]
通信设施	通信管线长度	[0,40)	[40,60)	[60,80)	[80,90)	[90,100]
	稳定性	[0,40)	[40,60)	[60,80)	[80,90)	[90,100]
燃气设施	燃气管线长度	[0,40)	[40,60)	[60,80)	[80,90)	[90,100]
	稳定性	[0,40)	[40,60)	[60,80)	[80,90)	[90,100]
医疗设施	人均医疗用房面积	[0,40)	[40,60)	[60,80)	[80,90)	[90,100]
	覆盖率	[0,40)	[40,60)	[60,80)	[80,90)	[90,100]
	服务半径	[0,40)	[40,60)	[60,80)	[80,90)	[90,100]
城市疏散通道系统	城市出入口数量	[0,40)	[40,60)	[60,80)	[80,90)	[90,100]
	对外交通枢纽种类及数量	[0,40)	[40,60)	[60,80)	[80,90)	[90,100]
	各路段的网络连接度和控制值	[0,40)	[40,60)	[60,80)	[80,90)	[90,100]
城市避难场所系统	人均紧急、固定、中心避难场所面积	[0,40)	[40,60)	[60,80)	[80,90)	[90,100]
	覆盖率	[0,40)	[40,60)	[60,80)	[80,90)	[90,100]
	服务半径	[0,40)	[40,60)	[60,80)	[80,90)	[90,100]

附表四 许昌县、须水镇城市安全指标权重一览表

序号	一级指标	二级指标	三级指标	四级指标
1			D1	E1 0.75
2			0.2	E2 0.25
3			D2	E3 0.75
4			0.2	E4 0.25
5		C1	D3	E5 0.75
6		0.5781	0.2	E6 0.25
7			D4	E7 0.5842
8			0.2	E8 0.2808
9				E9 0.1350
10			D5	E10 0.75
11			0.2	E11 0.25
12			D6 0.6694	/
13	B1 0.0448	C2 0.0807	D7 0.0879	/
14			D8 0.2426	/
15			D9	E12 0.5
16		C3	0.75	E13 0.5
17		0.0992	D10	E14 0.5
18			0.25	E15 0.5
19				E16 0.25
20			D11	E17 0.25
21		C4	0.25	E18 0.25
22		0.2420		E19 0.25
23			D12 0.75	E20 1

附表四 许昌县、须水镇城市安全指标权重一览表

续表

序号	一级指标	二级指标	三级指标	四级指标
24		C5 0.33	D13 0.4286	/
25			D14 0.4286	/
26			D15 0.1429	/
27	B2 0.1805	C6 0.33	D16 0.75	/
28			D17 0.25	/
29		C7 0.33	D18 0.2	/
30			D19 0.2	/
31			D20 0.6	/
32		C8 0.75	D21 0.25	/
33			D22 0.75	/
34	B3 0.0224	C9 0.25	D23 0.0879	/
35			D24 0.6694	/
36			D25 0.2426	/
37		C10 0.5451	D26 0.4874	/
38			D27 0.2762	/
39			D28 0.1182	/
40			D29 0.1182	/
41		C11 0.1931	D30 0.1	/
42			D31 0.3	/
43	B4 0.2617		D32 0.3	/
44			D33 0.3	/
45		C12 0.1931	D34 0.4286	/
46			D35 0.4286	/
47			D36 0.1429	/
48		C13 0.0687	D37 0.4286	/
49			D38 0.1429	/
50			D39 0.4286	/

续表

序号	一级指标	二级指标	三级指标	四级指标
51	B5 0.1420	C14 0.5	D40 0.75	/
52			D41 0.25	/
53		C15 0.5	D42 0.75	/
54			D43 0.25	/
55	B6 0.0151	C16 11.0	D44 0.33	/
56			D45 0.33	/
57			D46 0.33	/
58	B7 0.0734	C17 0.5	D47 1	/
59			D48 0.2	/
60			D49 0.2	/
61		C18 0.5	D50 0.2	/
62			D51 0.2	/
63			D52 0.2	/
64	B8 0.2602	C19 0.33	D53 0.4286	E21 0.5
65				E22 0.5
66			D54 0.1429	E23 0.25
67				E24 0.25
68				E25 0.25
69				E26 0.25
70			D55 0.1429	E27 0.33
71				E28 0.33
72				E29 0.33
73			D56 0.1429	E30 0.33
74				E31 0.33
75				E32 0.33
76			D57 0.1429	E33 0.33
77				E34 0.33
78				E35 0.33
79				E36 0.25

附表四　许昌县、须水镇城市安全指标权重一览表

续表

序号	一级指标	二级指标	三级指标	四级指标
80	B8 0.2602	C20 0.33	D58 0.166	E37 0.25
81				E38 0.75
82			D59 0.166	E39 0.25
83				E40 0.75
84			D60 0.166	E41 0.25
85				E42 0.75
86			D61 0.166	E43 0.25
87				E44 0.75
88			D62 0.166	E45 0.25
89				E46 0.75
90			D63 0.166	E47 0.33
91				E48 0.33
92				E49 0.33
93		C21 0.33	D64 0.5	E50 0.4286
94				E51 0.4286
95				E52 0.1429
96			D65 0.5	E53 0.33
97				E54 0.33
98				E55 0.33

附表五 鲁山县、瓜营乡城市安全指标权重一览表

序号	一级指标	二级指标	三级指标	四级指标
1			D1	E1 0.75
2			0.2	E2 0.25
3			D2	E3 0.75
4			0.2	E4 0.25
5		C1	D3	E5 0.75
6		0.5781	0.2	E6 0.25
7				E7 0.5842
8			D4	E8 0.2808
9			0.2	E9 0.1350
10			D5	E10 0.75
11			0.2	E11 0.25
12			D6 0.6694	/
13	B1 0.0781	C2 0.0807	D7 0.0879	/
14			D8 0.2426	/
15			D9	E12 0.5
16		C3	0.75	E13 0.5
17		0.0992	D10	E14 0.5
18			0.25	E15 0.5
19				E16 0.25
20			D11	E17 0.25
21		C4	0.25	E18 0.25
22		0.2420		E19 0.25
23			D12 0.75	E20 1

附表五 鲁山县、爪营乡城市安全指标权重一览表

续表

序号	一级指标	二级指标	三级指标	四级指标
24	B2 0.1818	C5 0.33	D13 0.4286	/
25			D14 0.4286	/
26			D15 0.1429	/
27		C6 0.33	D16 0.75	/
28			D17 0.25	/
29		C7 0.33	D18 0.2	/
30			D19 0.2	/
31			D20 0.6	/
32	B3 0.0224	C8 0.75	D21 0.25	/
33			D22 0.75	/
34		C9 0.25	D23 0.0879	/
35			D24 0.6694	/
36			D25 0.2426	/
37	B4 0.3726	C10 0.5451	D26 0.4874	/
38			D27 0.2762	/
39			D28 0.1182	/
40			D29 0.1182	/
41		C11 0.1931	D30 0.1	/
42			D31 0.3	/
43			D32 0.3	/
44			D33 0.3	/
45		C12 0.1931	D34 0.4286	/
46			D35 0.4286	/
47			D36 0.1429	/
48		C13 0.0687	D37 0.4286	/
49			D38 0.1429	/
50			D39 0.4286	/

续表

序号	一级指标	二级指标	三级指标	四级指标
51	B5 0.0711	C14 0.5	D40 0.75	/
52	B5 0.0711	C14 0.5	D41 0.25	/
53	B5 0.0711	C15 0.5	D42 0.75	/
54	B5 0.0711	C15 0.5	D43 0.25	/
55	B6 0.0184	C16 1.0	D44 0.33	/
56	B6 0.0184	C16 1.0	D45 0.33	/
57	B6 0.0184	C16 1.0	D46 0.33	/
58	B7 0.1971	C17 0.5	D47 1	/
59	B7 0.1971	C18 0.5	D48 0.2	/
60	B7 0.1971	C18 0.5	D49 0.2	/
61	B7 0.1971	C18 0.5	D50 0.2	/
62	B7 0.1971	C18 0.5	D51 0.2	/
63	B7 0.1971	C18 0.5	D52 0.2	/
64	B8 0.0532	C19 0.33	D53 0.4286	E21 0.5
65	B8 0.0532	C19 0.33	D53 0.4286	E22 0.5
66	B8 0.0532	C19 0.33	D54 0.1429	E23 0.25
67	B8 0.0532	C19 0.33	D54 0.1429	E24 0.25
68	B8 0.0532	C19 0.33	D54 0.1429	E25 0.25
69	B8 0.0532	C19 0.33	D54 0.1429	E26 0.25
70	B8 0.0532	C19 0.33	D55 0.1429	E27 0.33
71	B8 0.0532	C19 0.33	D55 0.1429	E28 0.33
72	B8 0.0532	C19 0.33	D55 0.1429	E29 0.33
73	B8 0.0532	C19 0.33	D56 0.1429	E30 0.33
74	B8 0.0532	C19 0.33	D56 0.1429	E31 0.33
75	B8 0.0532	C19 0.33	D56 0.1429	E32 0.33
76	B8 0.0532	C19 0.33	D57 0.1429	E33 0.33
77	B8 0.0532	C19 0.33	D57 0.1429	E34 0.33
78	B8 0.0532	C19 0.33	D57 0.1429	E35 0.33
79	B8 0.0532	C19 0.33		E36 0.25

附表五 鲁山县、爪营乡城市安全指标权重一览表

续表

序号	一级指标	二级指标	三级指标	四级指标
80	B8 0.0532	C20 0.33	D58 0.166	E37 0.25
81				E38 0.75
82			D59 0.166	E39 0.25
83				E40 0.75
84			D60 0.166	E41 0.25
85				E42 0.75
86			D61 0.166	E43 0.25
87				E44 0.75
88			D62 0.166	E45 0.25
89				E46 0.75
90			D63 0.166	E47 0.33
91				E48 0.33
92				E49 0.33
93		C21 0.33	D64 0.5	E50 0.4286
94				E51 0.4286
95				E52 0.1429
96			D65 0.5	E53 0.33
97				E54 0.33
98				E55 0.33

附表六 南召县、箭厂河乡城市安全指标权重一览表

序号	一级指标	二级指标	三级指标	四级指标
1			D1	E1 0.75
2			0.2	E2 0.25
3			D2	E3 0.75
4			0.2	E4 0.25
5		C1	D3	E5 0.75
6		0.5781	0.2	E6 0.25
7			D4	E7 0.5842
8			0.2	E8 0.2808
9				E9 0.1350
10			D5	E10 0.75
11			0.2	E11 0.25
12			D6 0.6694	/
13	B1 0.1473	C2 0.0807	D7 0.0879	/
14			D8 0.2426	/
15			D9	E12 0.5
16		C3	0.75	E13 0.5
17		0.0992	D10	E14 0.5
18			0.25	E15 0.5
19				E16 0.25
20			D11	E17 0.25
21		C4	0.25	E18 0.25
22		0.2420		E19 0.25
23			D12 0.75	E20 1

附表六 南召县、箭厂河乡城市安全指标权重一览表

续表

序号	一级指标	二级指标	三级指标	四级指标
24		C5 0.33	D13 0.4286	/
25		C5 0.33	D14 0.4286	/
26		C5 0.33	D15 0.1429	/
27	B2 0.2305	C6 0.33	D16 0.75	/
28	B2 0.2305	C6 0.33	D17 0.25	/
29		C7 0.33	D18 0.2	/
30		C7 0.33	D19 0.2	/
31		C7 0.33	D20 0.6	/
32		C8 0.75	D21 0.25	/
33	B3 0.0310	C8 0.75	D22 0.75	/
34	B3 0.0310	C9 0.25	D23 0.0879	/
35		C9 0.25	D24 0.6694	/
36		C9 0.25	D25 0.2426	/
37		C10 0.5451	D26 0.4874	/
38		C10 0.5451	D27 0.2762	/
39		C10 0.5451	D28 0.1182	/
40		C10 0.5451	D29 0.1182	/
41		C11 0.1931	D30 0.1	/
42	B4 0.1492	C11 0.1931	D31 0.3	/
43	B4 0.1492	C11 0.1931	D32 0.3	/
44		C11 0.1931	D33 0.3	/
45		C12 0.1931	D34 0.4286	/
46		C12 0.1931	D35 0.4286	/
47		C12 0.1931	D36 0.1429	/
48		C13 0.0687	D37 0.4286	/
49		C13 0.0687	D38 0.1429	/
50		C13 0.0687	D39 0.4286	/

127

续表

序号	一级指标	二级指标	三级指标	四级指标
51	B5 0.1372	C14 0.5	D40 0.75	/
52			D41 0.25	/
53		C15 0.5	D42 0.75	/
54			D43 0.25	/
55	B6 0.0169	C16 1.0	D44 0.33	/
56			D45 0.33	/
57			D46 0.33	/
58	B7 0.0688	C17 0.5	D47 1	/
59		C18 0.5	D48 0.2	/
60			D49 0.2	/
61			D50 0.2	/
62			D51 0.2	/
63			D52 0.2	/
64	B8 0.2192	C19 0.33	D53 0.4286	E21 0.5
65				E22 0.5
66			D54 0.1429	E23 0.25
67				E24 0.25
68				E25 0.25
69				E26 0.25
70			D55 0.1429	E27 0.33
71				E28 0.33
72				E29 0.33
73			D56 0.1429	E30 0.33
74				E31 0.33
75				E32 0.33
76			D57 0.1429	E33 0.33
77				E34 0.33
78				E35 0.33
79				E36 0.25

附表六　南召县、箭厂河乡城市安全指标权重一览表

续表

序号	一级指标	二级指标	三级指标	四级指标
80	B8 0.2192	C20 0.33	D58 0.166	E37 0.25
81				E38 0.75
82			D59 0.166	E39 0.25
83				E40 0.75
84			D60 0.166	E41 0.25
85				E42 0.75
86			D61 0.166	E43 0.25
87				E44 0.75
88			D62 0.166	E45 0.25
89				E46 0.75
90			D63 0.166	E47 0.33
91				E48 0.33
92				E49 0.33
93		C21 0.33	D64 0.5	E50 0.4286
94				E51 0.4286
95				E52 0.1429
96			D65 0.5	E53 0.33
97				E54 0.33
98				E55 0.33

附表七 许昌县城市安全性评价指标专家打分表

一级指标	二级指标	三级指标	四级指标	得分
自然灾害 B1	洪涝灾害 C1	防洪能力 D1	防洪堤坝长度比例 E1	85
			单位耕地面积水库库容 E2	90
		积水情况 D2	平均积水深度 E3	85
			主要积水位置 E4	75
		暴雨因素 D3	暴雨强度 E5	80
			暴雨频度 E6	75
		地形因素 D4	高程 E7	90
			坡度情况 E8	90
			坡向情况 E9	85
		排水管网 D5	管网排水能力 E10	85
			排水管网密度 E11	85
	风灾 C2	年均风速 D6		75
		风向情况 D7		70
		防护林带树种、平均高度、平均宽度 D8		85
	地震 C3	地震监测预报与预警能力 D9	地震监测能力 E12	85
			预报和预警能力 E13	70
		建筑物抗震性能 D10	抗震设防要求的落实能力 E14	70
			建筑工程施工质量保证 E15	80

附表七　许昌县城市安全性评价指标专家打分表

续表

一级指标	二级指标	三级指标	四级指标	得分
自然灾害 B1	地质灾害 C4	地质情况 D11	基岩埋深 E16	80
			断裂构造及其分布 E17	90
			断裂构造的活动性 E18	90
			地形地貌 E19	90
		地质灾害影响 D12	岩溶地面塌陷、滑坡、崩塌、河流冲蚀塌岸、软土引起的工程地质影响 E20	85
城市火灾 B2	火灾统计分析指标 C5	火灾发生率 D13		75
		百万人口火灾伤亡率 D14		75
		火灾起数上升率与当地经济增长速度比率、火灾直接财产损失占当年度 GDP 比率 D15		75
	公共消防设施和防灭火力量 C6	消火栓设置率、合格率 D16		50
		消防规划实施率 D17		65
	单位消防安全监管水平 C7	重大工程项目的消防安全可靠性论证 D18		70
		评估和提供消防技术服务情况 D19		70
		建筑工程消防审核、验收合格率 D20		55
地下事故 B3	地下管线 C8	地下管线翻修周期 D21		75
		地下管线施工质量 D22		75
	其他地下事故 C9	地铁工程验收质量及水平 D23		/
		其他地下工程验收质量及水平 D24		75
		采空区占建设用地比例 D25		100

续表

一级指标	二级指标	三级指标	四级指标	得分
交通事故 B4	交通流状态 C10	交通量 D26		75
		车流密度 D27		55
		限速管理水平 D28		85
		大型车比例 D29		80
	交通安全设施与管理 C11	标志、标线设置率及完好率 D30		85
		交通安全防护设施设置率及完好率 D31		85
		监控设备设置率及完好率 D32		85
		交警管理能力及水平 D33		75
	道路环境 C12	照明条件 D34		85
		通视条件 D35		75
		排水条件 D36		85
	交叉口条件 C13	交叉口行人过街设施设置率及完好率 D37		80
		交叉口渠化设置率及完好率 D38		80
		信号控制系统设置率及完好率 D39		80
刑事案件 B5	刑事案件发生 C14	刑事案件发案率 D40		70
		八类暴力型案件占全部刑事案件比率 D41		70
	刑事案件侦破 C15	刑事案件破案率 D42		80
		每万人口警力配置率 D43		70
战争 B6	人防 C16	城市人口人均人防工程面积 D44		75
		人防工程总量达标率 D45		75
		配套工程规模达标率 D46		75

附表七 许昌县城市安全性评价指标专家打分表

续表

一级指标	二级指标	三级指标	四级指标	得分
其他灾害 B7	公众整体安全感 C17	公众整体安全感 D47		85
	疾病防治 C18	儿童接种率 D48		85
		传染病发生率 D49		85
		医疗站场面积 D50		85
		安全饮用水普及率 D51		85
		无害化公厕普及率 D52		75
救灾能力 B8	安全政策 C19	监测预警机制 D53	监测系统 E21	85
			预警系统 E22	85
		法规体系建设 D54	地方消防规章建设情况 E23	85
			地方抗震防灾规章建设情况 E24	85
			地方防洪规章建设情况 E25	85
			地方人防规章建设情况 E26	85
		监督机制建设	责任追究制度建立和落实情况 E27	85
			考核制度建立和落实情况 E28	85
			公示制度建立和落实情况 E29	85
		安全制度建设 D55	具体制度建立和落实情况 E30	85
			机构设置情况 E31	85
			岗位职责建立和落实情况 E32	85
		教育宣传及考核 D56	教育宣传日活动开展情况 E33	85
			媒体宣传情况 E34	85
			教育对象考核情况 E35	85
			教育业绩考核情况 E36	85

续表

一级指标	二级指标	三级指标	四级指标	得分
救灾能力 B8	救灾设施 C20	给水设施 D57	给水管线长度 E37	85
			稳定性 E38	85
		排水设施 D58	排水管线长度 E39	85
			稳定性 E40	85
		供电设施 D59	供电管线长度 E41	85
			稳定性 E42	85
		通信设施 D60	通信管线长度 E43	85
			稳定性 E44	85
		燃气设施 D61	燃气管线长度 E45	85
			稳定性 E46	85
		医疗设施 D62	人均医疗用房面积 E47	85
			覆盖率 E48	85
			服务半径 E49	85
	疏散避难 C21	城市疏散通道系统 D63	城市出入口数量 E50	85
			对外交通枢纽种类及数量 E51	90
			各路段的网络连接度和控制值 E52	90
		城市避难场所系统 D64	人均紧急、固定、中心避难场所面积 E53	75
			覆盖率 E54	75
			服务半径 E55	75

附表八 鲁山县城市安全性评价指标专家打分表

一级指标	二级指标	三级指标	四级指标	得分
自然灾害 B1	洪涝灾害 C1	防洪能力 D1	防洪堤坝长度比例 E1	90
			单位耕地面积水库库容 E2	85
		积水情况 D2	平均积水深度 E3	75
			主要积水位置 E4	85
		暴雨因素 D3	暴雨强度 E5	80
			暴雨频度 E6	70
		地形因素 D4	高程 E7	80
			坡度情况 E8	85
			坡向情况 E9	85
		排水管网 D5	管网排水能力 E10	75
			排水管网密度 E11	70
	风灾 C2	年均风速 D6		50
		风向情况 D7		70
		防护林带树种、平均高度、平均宽度 D8		75
	地震 C3	地震监测预报与预警能力 D9	地震监测能力 E12	90
			预报和预警能力 E13	70
		建筑物抗震性能 D10	抗震设防要求的落实能力 E14	70
			建筑工程施工质量保证 E15	75

续表

一级指标	二级指标	三级指标	四级指标	得分
自然灾害 B1	地质灾害 C4	地质情况 D11	基岩埋深 E16	80
			断裂构造及其分布 E17	90
			断裂构造的活动性 E18	90
			地形地貌 E19	85
		地质灾害影响 D12	岩溶地面塌陷、滑坡、崩塌、河流冲蚀塌岸、软土引起的工程地质影响 E20	80
城市火灾 B2	火灾统计分析指标 C5	火灾发生率 D13		60
		百万人口火灾伤亡率 D14		50
		火灾起数上升率与当地经济增长速度比率、火灾直接财产损失占当年度 GDP 比率 D15		50
	公共消防设施和防灭火力量 C6	消火栓设置率、合格率 D16		50
		消防规划实施率 D17		55
	单位消防安全监管水平 C7	重大工程项目的消防安全可靠性论证 D18		50
		评估和提供消防技术服务情况 D19		50
		建筑工程消防审核、验收合格率 D20		50
地下事故 B3	地下管线 C8	地下管线翻修周期 D21		75
		地下管线施工质量 D22		75
	其他地下事故 C9	地铁工程验收质量及水平 D23		/
		其他地下工程验收质量及水平 D24		75
		采空区占建设用地比例 D25		100

附表八 鲁山县城市安全性评价指标专家打分表

续表

一级指标	二级指标	三级指标	四级指标	得分
交通事故 B4	交通流状态 C10	交通量 D26		75
		车流密度 D27		75
		限速管理水平 D28		70
		大型车比例 D29		80
	交通安全设施与管理 C11	标志、标线设置率及完好率 D30		75
		交通安全防护设施设置率及完好率 D31		70
		监控设备设置率及完好率 D32		75
		交警管理能力及水平 D33		70
	道路环境 C12	照明条件 D34		75
		通视条件 D35		85
		排水条件 D36		75
	交叉口条件 C13	交叉口行人过街设施设置率及完好率 D37		50
		交叉口渠化设置率及完好率 D38		40
		信号控制系统设置率及完好率 D39		70
刑事案件 B5	刑事案件发生 C14	刑事案件发案率 D40		55
		八类暴力型案件占全部刑事案件比率 D41		70
	刑事案件侦破 C15	刑事案件破案率 D42		70
		每万人口警力配置率 D43		70
战争 B6	人防 C16	城市人口人均人防工程面积 D44		75
		人防工程总量达标率 D45		75
		配套工程规模达标率 D46		75

续表

一级指标	二级指标	三级指标	四级指标	得分
其他灾害 B7	公众整体安全感 C17	公众整体安全感 D47		85
	疾病防治 C18	儿童接种率 D48		85
		传染病发生率 D49		85
		医疗站场面积 D50		75
		安全饮用水普及率 D51		85
		无害化公厕普及率 D52		75
救灾能力 B8	安全政策 C19	监测预警机制 D53	监测系统 E21	85
			预警系统 E22	85
		法规体系建设 D54	地方消防规章建设情况 E23	85
			地方抗震防灾规章建设情况 E24	85
			地方防洪规章建设情况 E25	85
			地方人防规章建设情况 E26	85
		监督机制建设	责任追究制度建立和落实情况 E27	85
			考核制度建立和落实情况 E28	85
			公示制度建立和落实情况 E29	85
		安全制度建设 D55	具体制度建立和落实情况 E30	85
			机构设置情况 E31	85
			岗位职责建立和落实情况 E32	85
		教育宣传及考核 D56	教育宣传日活动开展情况 E33	85
			媒体宣传情况 E34	85
			教育对象考核情况 E35	85
			教育业绩考核情况 E36	85

附表八　鲁山县城市安全性评价指标专家打分表

续表

一级指标	二级指标	三级指标	四级指标	得分
救灾能力 B8	救灾设施 C20	给水设施 D57	给水管线长度 E37	80
			稳定性 E38	85
		排水设施 D58	排水管线长度 E39	75
			稳定性 E40	75
		供电设施 D59	供电管线长度 E41	85
			稳定性 E42	85
		通信设施 D60	通信管线长度 E43	85
			稳定性 E44	85
		燃气设施 D61	燃气管线长度 E45	85
			稳定性 E46	85
		医疗设施 D62	人均医疗用房面积 E47	85
			覆盖率 E48	85
			服务半径 E49	85
	疏散避难 C21	城市疏散通道系统 D63	城市出入口数量 E50	85
			对外交通枢纽种类及数量 E51	85
			各路段的网络连接度和控制值 E52	85
		城市避难场所系统 D64	人均紧急、固定、中心避难场所面积 E53	85
			覆盖率 E54	75
			服务半径 E55	75

附表九 南召县城市安全性评价指标专家打分表

一级指标	二级指标	三级指标	四级指标	得分
自然灾害 B1	洪涝灾害 C1	防洪能力 D1	防洪堤坝长度比例 E1	85
			单位耕地面积水库库容 E2	85
		积水情况 D2	平均积水深度 E3	70
			主要积水位置 E4	50
		暴雨因素 D3	暴雨强度 E5	75
			暴雨频度 E6	70
		地形因素 D4	高程 E7	80
			坡度情况 E8	85
			坡向情况 E9	85
		排水管网 D5	管网排水能力 E10	50
			排水管网密度 E11	50
	风灾 C2	年均风速 D6		50
		风向情况 D7		75
		防护林带树种、平均高度、平均宽度 D8		55
	地震 C3	地震监测预报与预警能力 D9	地震监测能力 E12	80
			预报和预警能力 E13	70
		建筑物抗震性能 D10	抗震设防要求的落实能力 E14	75
			建筑工程施工质量保证 E15	75

附表九 南召县城市安全性评价指标专家打分表

续表

一级指标	二级指标	三级指标	四级指标	得分
自然灾害 B1	地质灾害 C4	地质情况 D11	基岩埋深 E16	80
			断裂构造及其分布 E17	90
			断裂构造的活动性 E18	90
			地形地貌 E19	85
		地质灾害影响 D12	岩溶地面塌陷、滑坡、崩塌、河流冲蚀塌岸、软土引起的工程地质影响 E20	55
城市火灾 B2	火灾统计分析指标 C5	火灾发生率 D13		80
		百万人口火灾伤亡率 D14		80
		火灾起数上升率与当地经济增长速度比率、火灾直接财产损失占当年度 GDP 比率 D15		80
	公共消防设施和防灭火力量 C6	消火栓设置率、合格率 D16		50
		消防规划实施率 D17		55
	单位消防安全监管水平 C7	重大工程项目的消防安全可靠性论证 D18		70
		评估和提供消防技术服务情况 D19		70
		建筑工程消防审核、验收合格率 D20		70
地下事故 B3	地下管线 C8	地下管线翻修周期 D21		75
		地下管线施工质量 D22		75
	其他地下事故 C9	地铁工程验收质量及水平 D23		/
		其他地下工程验收质量及水平 D24		75
		采空区占建设用地比例 D25		100

续表

一级指标	二级指标	三级指标	四级指标	得分
交通事故 B4	交通流状态 C10	交通量 D26		75
		车流密度 D27		75
		限速管理水平 D28		70
		大型车比例 D29		55
	交通安全设施与管理 C11	标志、标线设置率及完好率 D30		55
		交通安全防护设施设置率及完好率 D31		55
		监控设备设置率及完好率 D32		55
		交警管理能力及水平 D33		55
	道路环境 C12	照明条件 D34		85
		通视条件 D35		85
		排水条件 D36		55
	交叉口条件 C13	交叉口行人过街设施设置率及完好率 D37		50
		交叉口渠化设置率及完好率 D38		40
		信号控制系统设置率及完好率 D39		70
刑事案件 B5	刑事案件发生 C14	刑事案件发案率 D40		80
		八类暴力型案件占全部刑事案件比率 D41		85
	刑事案件侦破 C15	刑事案件破案率 D42		70
		每万人口警力配置率 D43		70
战争 B6	人防 C16	城市人口人均人防工程面积 D44		75
		人防工程总量达标率 D45		75
		配套工程规模达标率 D46		75

附表九　南召县城市安全性评价指标专家打分表

续表

一级指标	二级指标	三级指标	四级指标	得分
其他灾害 B7	公众整体安全感 C17	公众整体安全感 D47		85
	疾病防治 C18	儿童接种率 D48		85
		传染病发生率 D49		85
		医疗站场面积 D50		75
		安全饮用水普及率 D51		70
		无害化公厕普及率 D52		75
救灾能力 B8	安全政策 C19	监测预警机制 D53	监测系统 E21	85
			预警系统 E22	85
		法规体系建设 D54	地方消防规章建设情况 E23	85
			地方抗震防灾规章建设情况 E24	85
			地方防洪规章建设情况 E25	85
			地方人防规章建设情况 E26	85
		监督机制建设	责任追究制度建立和落实情况 E27	85
			考核制度建立和落实情况 E28	85
			公示制度建立和落实情况 E29	85
		安全制度建设 D55	具体制度建立和落实情况 E30	85
			机构设置情况 E31	85
			岗位职责建立和落实情况 E32	85
		教育宣传及考核 D56	教育宣传日活动开展情况 E33	85
			媒体宣传情况 E34	85
			教育对象考核情况 E35	85
			教育业绩考核情况 E36	85

143

续表

一级指标	二级指标	三级指标	四级指标	得分
救灾能力 B8	救灾设施 C20	给水设施 D57	给水管线长度 E37	80
			稳定性 E38	85
		排水设施 D58	排水管线长度 E39	75
			稳定性 E40	55
		供电设施 D59	供电管线长度 E41	85
			稳定性 E42	85
		通信设施 D60	通信管线长度 E43	85
			稳定性 E44	85
		燃气设施 D61	燃气管线长度 E45	85
			稳定性 E46	85
		医疗设施 D62	人均医疗用房面积 E47	85
			覆盖率 E48	85
			服务半径 E49	85
	疏散避难 C21	城市疏散通道系统 D63	城市出入口数量 E50	85
			对外交通枢纽种类及数量 E51	70
			各路段的网络连接度和控制值 E52	85
		城市避难场所系统 D64	人均紧急、固定、中心避难场所面积 E53	55
			覆盖率 E54	较差 55
			服务半径 E55	较差 55

附表十 须水镇城市安全性评价指标专家打分表

一级指标	二级指标	三级指标	四级指标	得分
自然灾害 B1	洪涝灾害 C1	防洪能力 D1	防洪堤坝长度比例 E1	75
			单位耕地面积水库库容 E2	90
		积水情况 D2	平均积水深度 E3	75
			主要积水位置 E4	75
		暴雨因素 D3	暴雨强度 E5	70
			暴雨频度 E6	70
		地形因素 D4	高程 E7	80
			坡度情况 E8	90
			坡向情况 E9	90
		排水管网 D5	管网排水能力 E10	85
			排水管网密度 E11	80
	风灾 C2	年均风速 D6		75
		风向情况 D7		75
		防护林带树种、平均高度、平均宽度 D8		80
	地震 C3	地震监测预报与预警能力 D9	地震监测能力 E12	50
			预报和预警能力 E13	50
		建筑物抗震性能 D10	抗震设防要求的落实能力 E14	65
			建筑工程施工质量保证 E15	80

续表

一级指标	二级指标	三级指标	四级指标	得分
自然灾害 B1	地质灾害 C4	地质情况 D11	基岩埋深 E16	80
			断裂构造及其分布 E17	70
			断裂构造的活动性 E18	70
			地形地貌 E19	80
		地质灾害影响 D12	岩溶地面塌陷、滑坡、崩塌、河流冲蚀塌岸、软土引起的工程地质影响 E20	85
城市火灾 B2	火灾统计分析指标 C5	火灾发生率 D13		80
		百万人口火灾伤亡率 D14		80
		火灾起数上升率与当地经济增长速度比率、火灾直接财产损失占当年度 GDP 比率 D15		80
	公共消防设施和防灭火力量 C6	消火栓设置率、合格率 D16		70
		消防规划实施率 D17		80
	单位消防安全监管水平 C7	重大工程项目的消防安全可靠性论证 D18		80
		评估和提供消防技术服务情况 D19		80
		建筑工程消防审核、验收合格率 D20		80
地下事故 B3	地下管线 C8	地下管线翻修周期 D21		75
		地下管线施工质量 D22		80
	其他地下事故 C9	地铁工程验收质量及水平 D23		/
		其他地下工程验收质量及水平 D24		80
		采空区占建设用地比例 D25		100

附表十　须水镇城市安全性评价指标专家打分表

续表

一级指标	二级指标	三级指标	四级指标	得分
交通事故 B4	交通流状态 C10	交通量 D26		50
		车流密度 D27		50
		限速管理水平 D28		70
		大型车比例 D29		50
	交通安全设施与管理 C11	标志、标线设置率及完好率 D30		70
		交通安全防护设施设置率及完好率 D31		70
		监控设备设置率及完好率 D32		70
		交警管理能力及水平 D33		50
	道路环境 C12	照明条件 D34		75
		通视条件 D35		75
		排水条件 D36		75
	交叉口条件 C13	交叉口行人过街设施设置率及完好率 D37		50
		交叉口渠化设置率及完好率 D38		50
		信号控制系统设置率及完好率 D39		50
刑事案件 B5	刑事案件发生 C14	刑事案件发案率 D40		75
		八类暴力型案件占全部刑事案件比率 D41		75
	刑事案件侦破 C15	刑事案件破案率 D42		75
		每万人口警力配置率 D43		75
战争 B6	人防 C16	城市人口人均人防工程面积 D44		75
		人防工程总量达标率 D45		75
		配套工程规模达标率 D46		75

续表

一级指标	二级指标	三级指标	四级指标	得分
其他灾害 B7	公众整体安全感 C17	公众整体安全感 D47		80
	疾病防治 C18	儿童接种率 D48		80
		传染病发生率 D49		70
		医疗站场面积 D50		70
		安全饮用水普及率 D51		75
		无害化公厕普及率 D52		65
救灾能力 B8	安全政策 C19	监测预警机制 D53	监测系统 E21	65
			预警系统 E22	65
		法规体系建设 D54	地方消防规章建设情况 E23	65
			地方抗震防灾规章建设情况 E24	65
			地方防洪规章建设情况 E25	65
			地方人防规章建设情况 E26	65
		监督机制建设	责任追究制度建立和落实情况 E27	65
			考核制度建立和落实情况 E28	65
			公示制度建立和落实情况 E29	65
		安全制度建设 D55	具体制度建立和落实情况 E30	65
			机构设置情况 E31	65
			岗位职责建立和落实情况 E32	65
		教育宣传及考核 D56	教育宣传日活动开展情况 E33	65
			媒体宣传情况 E34	65
			教育对象考核情况 E35	65
			教育业绩考核情况 E36	65

附表十 须水镇城市安全性评价指标专家打分表

续表

一级指标	二级指标	三级指标	四级指标	得分
救灾能力 B8	救灾设施 C20	给水设施 D57	给水管线长度 E37	80
			稳定性 E38	80
		排水设施 D58	排水管线长度 E39	80
			稳定性 E40	80
		供电设施 D59	供电管线长度 E41	80
			稳定性 E42	80
		通信设施 D60	通信管线长度 E43	80
			稳定性 E44	80
		燃气设施 D61	燃气管线长度 E45	80
			稳定性 E46	80
		医疗设施 D62	人均医疗用房面积 E47	80
			覆盖率 E48	65
			服务半径 E49	55
	疏散避难 C21	城市疏散通道系统 D63	城市出入口数量 E50	80
			对外交通枢纽种类及数量 E51	85
			各路段的网络连接度和控制值 E52	80
		城市避难场所系统 D64	人均紧急、固定、中心避难场所面积 E53	55
			覆盖率 E54	较差 55
			服务半径 E55	较差 55

附表十一 爪营乡城市安全性评价指标专家打分表

一级指标	二级指标	三级指标	四级指标	得分
自然灾害 B1	洪涝灾害 C1	防洪能力 D1	防洪堤坝长度比例 E1	70
			单位耕地面积水库库容 E2	50
		积水情况 D2	平均积水深度 E3	75
			主要积水位置 E4	55
		暴雨因素 D3	暴雨强度 E5	70
			暴雨频度 E6	70
		地形因素 D4	高程 E7	85
			坡度情况 E8	85
			坡向情况 E9	85
		排水管网 D5	管网排水能力 E10	55
			排水管网密度 E11	55
	风灾 C2	年均风速 D6		75
		风向情况 D7		75
		防护林带树种、平均高度、平均宽度 D8		50
	地震 C3	地震监测预报与预警能力 D9	地震监测能力 E12	50
			预报和预警能力 E13	50
		建筑物抗震性能 D10	抗震设防要求的落实能力 E14	65
			建筑工程施工质量保证 E15	65

附表十一　爪营乡城市安全性评价指标专家打分表

续表

一级指标	二级指标	三级指标	四级指标	得分
自然灾害 B1	地质灾害 C4	地质情况 D11	基岩埋深 E16	80
			断裂构造及其分布 E17	80
			断裂构造的活动性 E18	80
			地形地貌 E19	80
		地质灾害影响 D12	岩溶地面塌陷、滑坡、崩塌、河流冲蚀塌岸、软土引起的工程地质影响 E20	85
城市火灾 B2	火灾统计分析指标 C5	火灾发生率 D13		75
		百万人口火灾伤亡率 D14		75
		火灾起数上升率与当地经济增长速度比率、火灾直接财产损失占当年度 GDP 比率 D15		75
	公共消防设施和防灭火力量 C6	消火栓设置率、合格率 D16		70
		消防规划实施率 D17		80
	单位消防安全监管水平 C7	重大工程项目的消防安全可靠性论证 D18		30
		评估和提供消防技术服务情况 D19		50
		建筑工程消防审核、验收合格率 D20		50
地下事故 B3	地下管线 C8	地下管线翻修周期 D21		75
		地下管线施工质量 D22		50
	其他地下事故 C9	地铁工程验收质量及水平 D23		/
		其他地下工程验收质量及水平 D24		45
		采空区占建设用地比例 D25		100

续表

一级指标	二级指标	三级指标	四级指标	得分
交通事故 B4	交通流状态 C10	交通量 D26		75
		车流密度 D27		75
		限速管理水平 D28		50
		大型车比例 D29		50
	交通安全设施与管理 C11	标志、标线设置率及完好率 D30		45
		交通安全防护设施设置率及完好率 D31		45
		监控设备设置率及完好率 D32		45
		交警管理能力及水平 D33		30
	道路环境 C12	照明条件 D34		70
		通视条件 D35		70
		排水条件 D36		70
	交叉口条件 C13	交叉口行人过街设施设置率及完好率 D37		30
		交叉口渠化设置率及完好率 D38		30
		信号控制系统设置率及完好率 D39		30
刑事案件 B5	刑事案件发生 C14	刑事案件发案率 D40		75
		八类暴力型案件占全部刑事案件比率 D41		75
	刑事案件侦破 C15	刑事案件破案率 D42		75
		每万人口警力配置率 D43		55
战争 B6	人防 C16	城市人口人均人防工程面积 D44		50
		人防工程总量达标率 D45		50
		配套工程规模达标率 D46		50

附表十一　爪营乡城市安全性评价指标专家打分表

续表

一级指标	二级指标	三级指标	四级指标	得分
其他灾害 B7	公众整体安全感 C17	公众整体安全感 D47		80
	疾病防治 C18	儿童接种率 D48		75
		传染病发生率 D49		70
		医疗站场面积 D50		70
		安全饮用水普及率 D51		70
		无害化公厕普及率 D52		50
救灾能力 B8	安全政策 C19	监测预警机制 D53	监测系统 E21	50
			预警系统 E22	50
		法规体系建设 D54	地方消防规章建设情况 E23	50
			地方抗震防灾规章建设情况 E24	50
			地方防洪规章建设情况 E25	50
			地方人防规章建设情况 E26	50
		监督机制建设	责任追究制度建立和落实情况 E27	50
			考核制度建立和落实情况 E28	50
			公示制度建立和落实情况 E29	50
		安全制度建设 D55	具体制度建立和落实情况 E30	50
			机构设置情况 E31	50
			岗位职责建立和落实情况 E32	50
		教育宣传及考核 D56	教育宣传日活动开展情况 E33	50
			媒体宣传情况 E34	70
			教育对象考核情况 E35	50
			教育业绩考核情况 E36	50

续表

一级指标	二级指标	三级指标	四级指标	得分
救灾能力 B8	救灾设施 C20	给水设施 D57	给水管线长度 E37	50
			稳定性 E38	75
		排水设施 D58	排水管线长度 E39	50
			稳定性 E40	50
		供电设施 D59	供电管线长度 E41	50
			稳定性 E42	75
		通信设施 D60	通信管线长度 E43	50
			稳定性 E44	75
		燃气设施 D61	燃气管线长度 E45	50
			稳定性 E46	75
		医疗设施 D62	人均医疗用房面积 E47	50
			覆盖率 E48	50
			服务半径 E49	50
	疏散避难 C21	城市疏散通道系统 D63	城市出入口数量 E50	80
			对外交通枢纽种类及数量 E51	70
			各路段的网络连接度和控制值 E52	80
		城市避难场所系统 D64	人均紧急、固定、中心避难场所面积 E53	45
			覆盖率 E54	55
			服务半径 E55	55

附表十二 箭厂河乡城市安全性评价指标专家打分表

一级指标	二级指标	三级指标	四级指标	得分
自然灾害 B1	洪涝灾害 C1	防洪能力 D1	防洪堤坝长度比例 E1	70
			单位耕地面积水库库容 E2	70
		积水情况 D2	平均积水深度 E3	75
			主要积水位置 E4	55
		暴雨因素 D3	暴雨强度 E5	55
			暴雨频度 E6	55
		地形因素 D4	高程 E7	85
			坡度情况 E8	70
			坡向情况 E9	70
		排水管网 D5	管网排水能力 E10	55
			排水管网密度 E11	55
	风灾 C2	年均风速 D6		75
		风向情况 D7		85
		防护林带树种、平均高度、平均宽度 D8		85
	地震 C3	地震监测预报与预警能力 D9	地震监测能力 E12	50
			预报和预警能力 E13	50
		建筑物抗震性能 D10	抗震设防要求的落实能力 E14	50
			建筑工程施工质量保证 E15	50

续表

一级指标	二级指标	三级指标	四级指标	得分
自然灾害 B1	地质灾害 C4	地质情况 D11	基岩埋深 E16	80
			断裂构造及其分布 E17	80
			断裂构造的活动性 E18	80
			地形地貌 E19	50
		地质灾害影响 D12	岩溶地面塌陷、滑坡、崩塌、河流冲蚀塌岸、软土引起的工程地质影响 E20	45
城市火灾 B2	火灾统计分析指标 C5	火灾发生率 D13		75
		百万人口火灾伤亡率 D14		75
		火灾起数上升率与当地经济增长速度比率、火灾直接财产损失占当年度 GDP 比率 D15		75
	公共消防设施和防灭火力量 C6	消火栓设置率、合格率 D16		30
		消防规划实施率 D17		50
	单位消防安全监管水平 C7	重大工程项目的消防安全可靠性论证 D18		50
		评估和提供消防技术服务情况 D19		50
		建筑工程消防审核、验收合格率 D20		50
地下事故 B3	地下管线 C8	地下管线翻修周期 D21		75
		地下管线施工质量 D22		50
	其他地下事故 C9	地铁工程验收质量及水平 D23		/
		其他地下工程验收质量及水平 D24		45
		采空区占建设用地比例 D25		100

附表十二　箭厂河乡城市安全性评价指标专家打分表

续表

一级指标	二级指标	三级指标	四级指标	得分
交通事故 B4	交通流状态 C10	交通量 D26		85
		车流密度 D27		85
		限速管理水平 D28		50
		大型车比例 D29		70
	交通安全设施与管理 C11	标志、标线设置率及完好率 D30		45
		交通安全防护设施设置率及完好率 D31		45
		监控设备设置率及完好率 D32		45
		交警管理能力及水平 D33		0
	道路环境 C12	照明条件 D34		50
		通视条件 D35		50
		排水条件 D36		45
	交叉口条件 C13	交叉口行人过街设施设置率及完好率 D37		30
		交叉口渠化设置率及完好率 D38		30
		信号控制系统设置率及完好率 D39		30
刑事案件 B5	刑事案件发生 C14	刑事案件发案率 D40		75
		八类暴力型案件占全部刑事案件比率 D41		75
	刑事案件侦破 C15	刑事案件破案率 D42		75
		每万人口警力配置率 D43		55
战争 B6	人防 C16	城市人口人均人防工程面积 D44		50
		人防工程总量达标率 D45		50
		配套工程规模达标率 D46		50

续表

一级指标	二级指标	三级指标	四级指标	得分
其他灾害 B7	公众整体安全感 C17	公众整体安全感 D47		75
	疾病防治 C18	儿童接种率 D48		70
		传染病发生率 D49		70
		医疗站场面积 D50		55
		安全饮用水普及率 D51		55
		无害化公厕普及率 D52		55
救灾能力 B8	安全政策 C19	监测预警机制 D53	监测系统 E21	50
			预警系统 E22	50
		法规体系建设 D54	地方消防规章建设情况 E23	50
			地方抗震防灾规章建设情况 E24	50
			地方防洪规章建设情况 E25	50
			地方人防规章建设情况 E26	50
		监督机制建设	责任追究制度建立和落实情况 E27	50
			考核制度建立和落实情况 E28	50
			公示制度建立和落实情况 E29	50
		安全制度建设 D55	具体制度建立和落实情况 E30	50
			机构设置情况 E31	50
			岗位职责建立和落实情况 E32	50
		教育宣传及考核 D56	教育宣传日活动开展情况 E33	50
			媒体宣传情况 E34	70
			教育对象考核情况 E35	50
			教育业绩考核情况 E36	50

附表十二 箭厂河乡城市安全性评价指标专家打分表

续表

一级指标	二级指标	三级指标	四级指标	得分
救灾能力 B8	救灾设施 C20	给水设施 D57	给水管线长度 E37	50
			稳定性 E38	75
		排水设施 D58	排水管线长度 E39	50
			稳定性 E40	50
		供电设施 D59	供电管线长度 E41	50
			稳定性 E42	75
		通信设施 D60	通信管线长度 E43	50
			稳定性 E44	75
		燃气设施 D61	燃气管线长度 E45	50
			稳定性 E46	75
		医疗设施 D62	人均医疗用房面积 E47	50
			覆盖率 E48	50
			服务半径 E49	50
	疏散避难 C21	城市疏散通道系统 D63	城市出入口数量 E50	45
			对外交通枢纽种类及数量 E51	50
			各路段的网络连接度和控制值 E52	70
		城市避难场所系统 D64	人均紧急、固定、中心避难场所面积 E53	45
			覆盖率 E54	30
			服务半径 E55	30

附录：

我国城市安全研究进展及趋势探讨

郭 汝

(河南城建学院建筑与城市规划学院，河南 平顶山，467036)

摘要：城市安全作为城市可持续发展战略的一个重要组成部分，一直是古今中外城市发展规划、建设中需要考虑的战略性问题，本文在国内外城市安全研究进展的基础上，着重分析了我国城市安全研究现状所取得的成果和存在的问题，并对未来我国城市安全研究发展的趋势进行了探讨。

关键词：城市安全；研究；进展；趋势

中图分类号：TU981　　**文献标识码**：A

Research on development and trend of the research of urban security in China

GUO Ru

Abstract：The problem of urban security, which is an important part of urban sustainable development strategy, has always been a strategic problem to consider urban planning, construction and development at all times and in all countries. Based on the research of urban security in domestic and foreign countries, the paper analyzes the existing problems and achievements prominently and discusses the future trend of development of research of urban security in China.

Key words：Urban Safety；Research；Summary；Tendency

引言

从字源学的角度出发,对城市的概念进行研究,在《礼记·礼运》中记载,"城,廓也,都邑之地,筑此以资保障也。""城",是城市防御的意思,也表明了城市的出现最早即是带有城市防御功能出现的,即考虑到了城市的安全性,如我国河南省开封市、湖北省襄阳市至今留存的城墙和护城河,都反映了这一特点。根据美国学者马斯洛的需求层次理论,人类的基本需求是生理需求和安全需求,在此基础上才有更高层次的社交、尊重和自我实现需求。因而,城市安全理所当然地成为城市中的基础问题。

长期以来,国内外对于城市安全一直开展着长期而深入的研究,尤其是近年来,国内外频繁出现一些影响城市安全的事件,如2001年美国的"9·11"恐怖袭击、2003年SARS病情蔓延、2004年印度洋海啸、2011年日本海啸引发核辐射、2012年夏季北京暴雨及我国北方部分城市雾霾天气频繁出现、2013年H7N9病毒传播、四川芦山地震等。基于此,城市安全的重要性进一步凸显。

1. 城市安全释义

整体而言,影响城市安全的事件有如下七方面:

(1) 自然灾害。自然灾害是指自然界中所发生的异常现象造成的人员伤亡、资源损失等现象或事件,包括旱灾、洪涝、台风、海啸、地震、火山、滑坡等灾害,均会给所影响的城市及周边地区带来巨大损害。

(2) 城市火灾。由于城市中人口集中、建筑密集的特点,一旦发生火灾,人们的生命财产安全将面临被火苗吞噬的威胁,因而,消防安全一直是城市安全研究中的重要问题,在全社会对火灾普遍关注的基础上,由于家用电器的普及、民众防火意识不强、设备老化等原因,火灾隐患仍然长期存在。

(3)地下事故。地下事故主要有两方面原因造成,第一是地下管线开挖不当或破裂,第二是地下资源挖掘过量,后果是均会对建筑地基及周边环境造成破坏,造成地表塌陷及引起连带事故,影响城市日常交通和居民生活。

(4)交通事故。城市交通事故是一种常见的因交通原因影响城市安全的现象,直接影响着城市人民的生命安全,据有关部门统计,城市交通事故占总交通事故的比例占到40%以上[1]。当今,我国大城市机动车数量剧增,交通出行量日益增加,避免和减少城市交通事故的发生成为保障城市安全的重要举措。

(5)刑事案件。随着社会经济稳定发展,我国总体社会治安趋好,人民群众安全感不断增强。但诸如打架斗殴所造成的流血事件,偷盗抢劫造成的谋财害命事件,以及对在校园内发生的弱势群体伤害事件等,还在严重危害着社会治安。

(6)战争。战争是人为带来的灾难,也是流血的政治表象。战争带来大量人员伤亡和财产损失,同样会给城市带来安全威胁。如二战后英国考文垂、德国柏林等部分城市、日本广岛和长崎等城市,几乎都变成了废墟。

(7)其它灾害。首先是城市公共场所人流聚集造成的恶性事件,如人流拥挤踩踏事件、社会聚众斗殴事件等,均造成了一定数量的人员伤亡。其次是疾病传播。如近年来发生的SRAS、H7N9疫情,最初发源于城市,城市还是最主要的疫情发生地,对市民心理、社会稳定产生了不可估量的消极作用。

综上所述,影响城市安全的因素众多,从近年来我国发生的部分影响城市安全的事件可以看出,我国城市安全形势依然严峻(表1)。

表1 近年来我国发生的部分影响城市安全事件一览表

序号	城市安全问题	具体事件
1	自然灾害	2008年1月南方九省的大暴风雪、2008年5月四川省汶川地震、2010年8月甘肃省舟曲县特大山洪泥石流灾害、2012年北京地区暴雨灾害、2012年我国部分城市雾霾天气、2013年4月四川省芦山地震等

续表

序号	城市安全问题	具体事件
2	城市火灾	2005年12月洛阳市东都商厦火灾、2005年12月吉林省辽源市中心医院火灾、2008年1月乌鲁木齐批发市场火灾、2008年9月深圳市龙岗区舞王俱乐部火灾、2010年11月上海静安区胶州路高层住宅火灾等
3	地下事故	2003年7月上海市地铁4号线浦西联络通道特大涌水事故、2006年1月北京市东三环路京广桥东南角辅路污水管线漏水断裂事故、2007年2月江苏省南京市牌楼巷与汉中路交叉路口北侧南京地铁2号线施工造成天然气管道断裂爆炸事故、2010年8月山西省太原市双塔寺街地下管线破裂事故等
4	交通事故	2005年6月长春满载乘客轻轨列车脱轨事故、2009年5月浙江杭州富二代飙车撞人事故、2011年6月江苏省常熟市市区特大交通事故、2011年9月上海市豫园路站两辆地铁相撞事故、2011年10月河南省汝南县汽车站附近特大交通事故等
5	刑事案件	张君系列抢劫杀人案、2008年3月西藏拉萨市打砸抢烧暴力事件、2008年7月上海市杨佳袭警案、2009年7月新疆乌鲁木齐市打砸抢烧暴力事件、周克华系列抢劫杀人案等
6	战争	/
7	其它灾害	2003年SARS病毒传播事件、2009年5月广东省韶关市旭日玩具厂聚众斗殴事件、2010年11月新疆阿克苏市某学校的学生踩踏事件、2013年H7N9疫情等

2.国外城市安全研究现状

以发达国家美国和日本为例,分别对其城市安全研究现状进行分析。

2.1 日本城市安全研究现状

(1)相关法律法规体系和研究机构齐备。日本是一个自然灾害频发的国家,地震、海啸、台风等自然灾害在国家历史上曾多次出现。在这种自然条件中,日本形成了一套较为健全的灾害应对体系,截止目前,日本共制定了城市安全方面的法律法规 227 部以上[②],建立了相对完善的法律法规体系。

1995 年日本阪神大地震后,1996 年在神户大学成立了"都市安全研究中心",这标志着日本关于城市安全问题的研究达到了新的高度,其它研究机构如 1951 年成立的京都大学防灾研究所和 2003 年成立的立命馆大学历史都市防灾研究所等,整体而言,日本国内的相关研究机构数量众多。

(2) 重视相关规划的编制和实施工作。日本防灾规划的最高层次是国家层面的"防灾基本规划",在此规划指导下,政府各有关部门各自制定本部门的"防灾业务规划"。同时,日本的区域防灾规划是指灾害可能涉及的范围制定的区域性质的防灾规划,在区域防灾规划指导下,各下属地区再编制本地的地区防灾规划。

(3) 民间防灾机构数量众多。日本目前有日本防灾士会、日本防灾士机构、中部地震灾害复兴基金会等非政府组织(NGO),随时准备在灾害发生时投入救灾服务。主要致力于灾后重建、灾民生活救助、心理康复、恢复生产等工作,此类机构在日本的活动十分活跃。

(4) 注重新技术的应用。在地震、海啸、台风等自然灾害防治方面,日本均采用了预警技术,如 2008 年日本东北部的岩手、宫城等地发生里氏 7.2 级地震前 10 秒,日本气象厅通过地震横波与纵波时间到达差的间隙,利用地震探测仪首先探测到了纵波,在主震到达受害地域前发布了地震预报,虽然留出的时间很短,但在灾害发生的关键时刻,仍然给人们提供了宝贵的逃生机会。

2.2 美国城市安全研究现状

(1) 建立了完备的法律法规体系。美国于 1976 年通过了《全国紧急状态法》,在该法下建立了有效的危机应急处理机制,并成立了重大突发事件发生时的最高领导机构——联邦应急事务管理署(FEMA)。除此之外,还出台了若干专项防灾法案,如《洪水灾害防御法》、《地震减灾法案》等,构成了一系列较为完整的法律法规体系。

（2）专项规划已形成体系。美国的城市安全规划包括"综合防灾减灾规划"和"应急行动规划"，前者主要出于安全防御的考虑，后者则强调紧急情况的处理。同时，在美国的减灾法案中要求地方政府组织编制下属地区的防灾专项规划，在规划编制过程中，有关部门将组织进行灾害调查，对灾害风险进行合理评判，以进一步增强规划编制的合理性。

（3）机构分级明确，联动机制好。FEMA设置在国土安全部下，直接受总统领导，在紧急情况发生时，FEMA根据事件特点，具体协调各单位间的关系，帮助地方政府和州政府建立应急处理机制和集中处理突发事件（图1）。FEMA于1996年颁布了《综合应急行动规划导则》，导则明确了在紧急情况发生时应急行动规划中应包含的必要性内容。

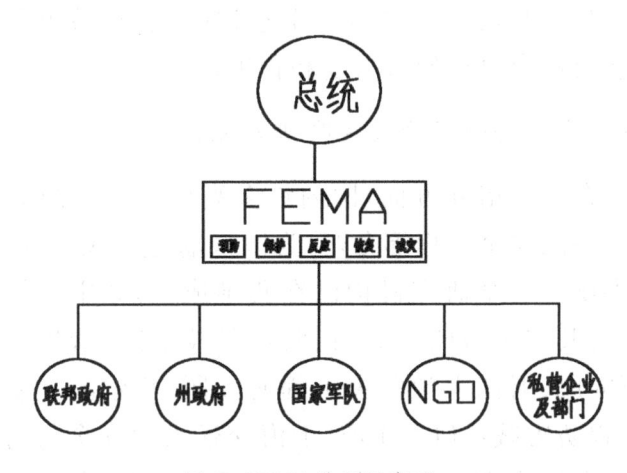

图1　FEMA作用示意图

（4）公众参与程度高。美国的灾害教育在国民成长过程中开展的时间早，普及面广，公众整体安全意识强，参与热情高。如在2008年美国密西西比河洪灾中，沿岸的许多居民自发投入抢险。同时，美国的社会组织作用显著，如志愿者协会、社区救灾反应队、美国红十字会、教会等紧急救援组织，在灾害发生时，将参与到救援及重建工作中，在维护当地安全过程中发挥了重要作用。

此外,国际社会对城市安全问题高度重视。城市安全国际学术研讨会于 2007 年开始举办,该会议于 2007 年在我国南京和 2010 年在日本神户举办两届后,第三届会议再次在南京举行,于 2012 年由东南大学城市工程科学技术研究院主办。另外,世界城市论坛由联合国人居署设立举办,每两年举办一届,是全球人居问题研究第一大会,于 2006 年在温哥华举行的第三届世界城市论坛提出了"The Secure City",即安全城市的提议,进一步在全球专业领域内提升了城市安全问题的重要性。

总体而言,城市安全已在全球成为热点问题,国外发达国家城市安全研究起步较早,以取得了一些成绩:城市安全立法及规划编制体系相对完善;普遍建立了安全与减灾科技体系,遥感技术、信息技术等高新技术已广泛应用于城市安全中的的全过程;除此之外,政府与民间的城市安全意识强烈,在城市危机情况发生时,公众及社会组织的参与度和积极性高。

3. 我国城市安全理论及实践研究现状

目前,在人才培养方面,国内许多高校开设了防灾减灾工程及其防护工程、安全工程等专业,为国家输送了大批的专业人才。同时,许多城市安全研究机构已在我国成立,如中国管理科学研究院城市公共安全战略研究所、防灾科技学院、清华大学防灾减灾工程研究所、浙江大学防灾工程研究所、哈尔滨工业大学城市与土木工程防灾减灾研究中心、上海交通大学安全与防灾工程研究所、中南大学防灾科学与安全技术研究所、上海防灾救灾研究所、兰州理工大学防震减灾研究所、1997 年在北京成立的非营利组织(NPO)——中国城市公共安全研究中心等。尤其是 2005 年 9 月,在西安召开的中国城市规划学会年会上,中国城市规划学会城市安全与防灾学术委员会正式成立,并落户北京工业大学北京城市与工程安全减灾中心,这标志着我国城市安全研究在学术界得到了进一步的重视。

3.1 理论研究

以科研论文为例,借助中国知网,对1999年—2011年发表的篇名含有"城市安全"关键词的核心期刊论文进行检索,共检索到与城市安全问题相关的论文175篇,笔者从论文数量、研究方法、研究视点、研究内容几个方面对以往相关研究进行了分析(表2)。

(1)论文数量方面。除了1999年、2001年和2008年未有相关论文发表外,其余年份均有相关论文出现,且从总体趋势来看,关于"城市安全"问题的研究成果数量基本呈稳定上升趋势,说明相关研究已成为热点(图2)。

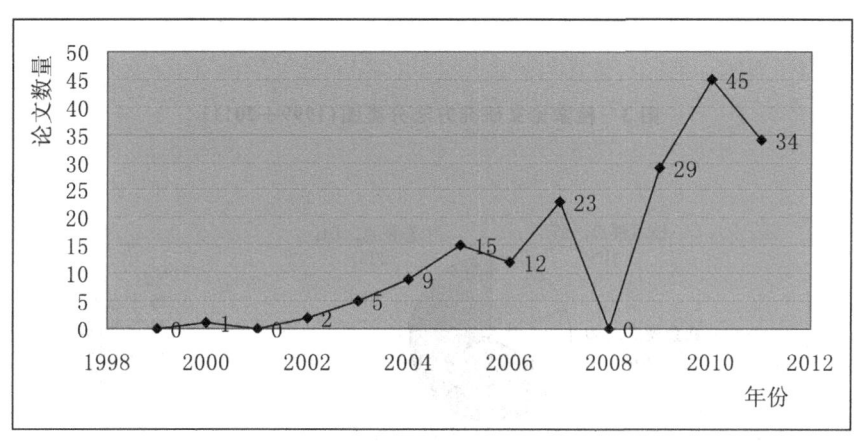

图2 篇名含有"城市安全"关键词的核心期刊论文发表数量图(1999—2011)

其次,研究方法方面。定性研究在相关研究中占主导地位,175篇论文中,定性研究方法被使用167次,定量研究方法被使用63次,定性研究方法占有明显的主导地位(图3)。其中,在定量研究方法中,结合生态安全的PSR(压力—状态—影响)研究模型使用数量较多,其余定量研究方法有层次分析法、因子分析法、模糊数学法、物元分析法、故障树分析法等。

再次,研究视点方面。分为生态、管理、社会、技术视点,生态视点侧重于生态安全性的评价,管理视点侧重于安全管理问题的研究,社会视点侧重于城市安全带来社会问题的思考,技术视点则主要关注增强城市安全性的技术方法。在175篇论文中,生态视点被使用61次,管理视点被使用141次,社会视点被使用

39次，技术视点被使用57次(图4)，从综合视点切入的相关研究数量不多。

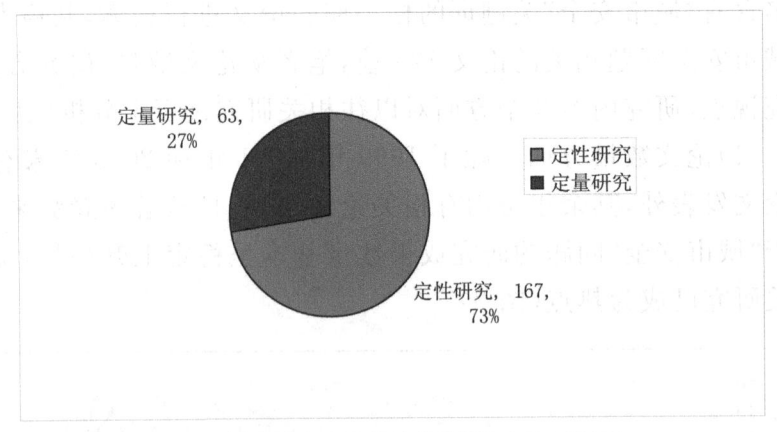

图3　检索论文研究方法分类图(1999—2011)

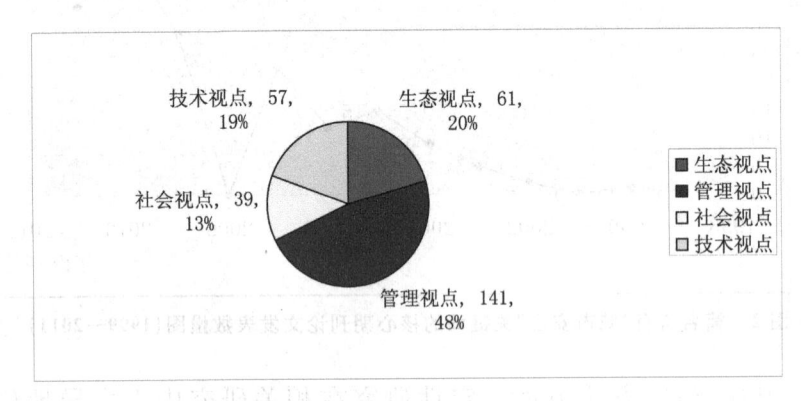

图4　检索论文研究视点分类图(1999—2011)

最后，研究内容方面。分为城市整体安全、基础设施安全、犯罪问题、灾害安全、能源安全、生态安全和安全政策研究等，在175篇论文中，城市整体安全问题被涉及27次，基础设施安全被涉及50次，犯罪研究被涉及11次，灾害安全被涉及30次，能源安全被涉及21次，生态安全被涉及53次，安全政策研究被涉及145次(图5)。可以看出，出于定性分析角度关于城市安全政策的研究内容较多，其次为城市生态安全和灾害安全，其它内容的相关研究数量相对较少。

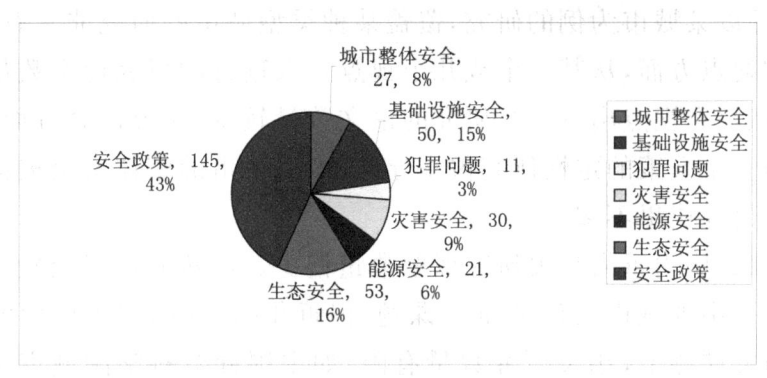

图 5 检索论文研究内容分类图(1999—2011)

3.2 实践研究

(1)近年来在我国抗震、防洪、消防等专项规划中,通过建立分级的指标体系,赋予不同因子不同的权重,对不同城市的专项安全性进行量化评价,为城市中防灾规划的编制奠定了科学基础。

(2)厦门、合肥、淮南等城市首先开展了城市综合防灾规划编制工作,为其它城市的实践研究起到了带头作用。

(3)城市应急避难场所建设得到了政府和民众的高度重视,城市防灾设施得到了进一步完善。

(4)城市摄像头和高新技术手段在犯罪案件侦破中的应用日益普及,大大提高了破案的科学性。

(5)建筑耐火性能、火灾探测报警、灭火救援技术等消防科学技术得到了迅速发展,为火灾预防、救援进一步提供了便利性。

3.3 存在的问题与不足

在理论和实践研究两方面的基本情况可以看出,城市安全得到了全社会的广泛关注,研究数量基本呈每年逐渐增加的态势,研究成果数量和水平都得到了提高。虽然国内相关研究日益成为热点,且取得了一些研究成果,但仍存在着一些问题和不足:

(1)研究成果整体质量有待进一步提高。从对国内外相关论文的整理中可以看出,研究方法方面,目前仍然以定性研究为主,定量研究数量不多,同时,在相关定量研究中,往往停留在某个点上,即以某城市为例的研究,覆盖某种类型城市的研究非常有限;研究视点方面,从某一个或几个视点切入进行的研究论文数量较多,从综合视点出发进行研究的论文数量较少;研究内容方面,对城市安全政策的定性研究占主导地位,对城市的整体安全进行评价的研究成果不多。

(2)国内重大相关研究课题数量偏少。虽然城市安全性一直是古今中外城市关注的重要课题,但近年来,在国家级层面的重大研究课题上,相关研究数量有限,如中国社会科学院城市发展与环境研究所承担的国家自然基金研究课题"长三角城市密集区气候变化适应性及管理对策研究"、中国地震局承担的国家自然基金研究课题"近断层地震动对城市埋地管道影响的研究"、"城市与工程减灾基础研究"、清华大学防灾减灾工程研究所承担的国家自然基金研究课题"基于GIS的城市综合减灾评估与对策研究"等课题。总体而言,国家级别的相关研究课题数量偏少。

(3)城市安全专项规划编制数量不足。对于具体城市而言,目前只有少数城市开始着手编制城市专项防灾规划,如攀枝花市城市抗震防灾规划、长春市城市防洪规划、鄂州市全域消防规划等。同时,目前我国主要城市的防灾规划大部分是上是单一灾种的专项规划,以整个城市或地区为系统,统筹兼顾城市整体安全性的综合防灾规划数量有限。

(4)高新技术应用水平较低。高新技术虽然近年来在我国城市安全规划中强调应用到动态分析、预测、决策及管理全过程,规划编制技术上强调使用GIS、RS、GPS、航空摄影等高新技术,为我国城市防灾工作向高新技术化、智能化和数字化方向发展提供了技术支撑,但高新技术在城市灾害预防、救援等方面的应用与部分国外发达国家相比仍存在着较大差距。

(5)公众参与程度不高。我国公众的防灾意识普遍较弱,灾害发生时人们"等、靠、要"的意识较强,2012年北京暴雨期间,如果公众防范灾害的意识充分,相关知识和能力在灾害发生前得到提高,那么,造成的生命安全损失将被降低。同时,防灾民间社会组织数量很少,灾害发生时,基本都是政府组织相关部门进行救险,公众和民间社会组织在灾害发生时发挥的力量羸弱。

4. 我国城市安全研究发展趋势探讨

综上所述,在我国城市安全研究领域虽取得了一些成果,但仍存在着一些问题,按照科学发展的理念,未来应有其必然的发展趋势:

(1)注重对城市安全研究的定量化、系统化和整体化。目前我国城市安全的研究方法上侧重于定性研究,定量研究较少,同时,多数研究切入的视点不全面,对城市整体安全进行研究的成果数量较少,目前的研究现状给城市的安全性进行综合评价、城市安全性的比较和城市管理者评价某类型城市的安全性带来了难度,为具体政策的出台和城市建设的实施制造了障碍。因而,应进一步使城市安全研究定量化、系统化和整体化,以进一步增强研究结论的科学性,使得相关更好地与城市安全建设接轨,更好地指导城市安全管理。

(2)强化城市防灾专项规划在城乡规划编制体系中的法定作用。《中华人民共和国城乡规划法》第十七条明确提出防灾减灾等内容,应当作为城市总体规划、镇总体规划的强制性内容。但目前城市防灾专项规划未为纳入到法定城乡规划的编制体系范畴,且部分城市的防灾专项规划仅仅局限于防灾减灾等内容,城市安全的研究内容并不全面,且规划编制依据不足、与当地政策衔接不紧等现象屡见不鲜。因而,很有必要通过立法手段强化城市安全规划在城乡规划中的重要地位,将城市安全规划贯穿于城乡规划编制的各个阶段中,同时,强调城市安全规划的层层指导,由区域城市安全规划指导地方城市安全规划编制工作。

(3)建立城市安全管理的专门机构。目前,在城市安全受到威胁时,往往有政府牵头组织救助活动,但政府部门设置中并无关于城市安全的专门机构,为了城市安全管理的需要,有必要借鉴国外的部分经验,成立城市安全管理的专门机构,负责所在城市的日常安全分析、监测评价和评估预测等工作,危机发生时,积极做好预警和救援组织工作,协调各部门协同工作,更好地为城市安全管理服务。

(4)完善城市应对突发紧急事件的法律法规体系建设。针对城市安全面临的严峻局面,部分城市编制了城市应急体系建设规划,如《郑州市突发事件应急体系建设规划(2011—2015年)》、《宝鸡市"十二五"突发事件应急体系建设规划》等,这些规划从城市安全预警、检测、评估、救援、重建等方面对所在城市进行了详细的研究,但还未上升到法律层面。我国虽出台了《中华人民共和国气象法》、《中华人民共和国消防法》、《中华人民共和国安全生产法》、《中华人民共和国防震减灾法》等单一灾种法规,但还没有综合性的、包括各灾种在内的、指导全国城市安全领域的主干法,相应地,围绕主干法形成的一套法律法规体系缺失,可以说,在城市安全受到威胁的同时,缺少综合性的城市安全法规体系作为法律保障。

(5)加强高新科学技术在城市安全领域内的应用。虽然我国正在城市安全领域积极应用高新技术,但与国外发达国家相比,我国在高新技术应用方面仍然存在着较大差距,应进一步采取更为先进的科学技术手段,努力实现城市危险检测—评估—预测—预警—救助整个过程的智能化、自动化和网络化,切实增强城市安全面临危险时的快速反应能力。

(6)重视乡村安全研究。2008年1月1日,《中华人民共和国城乡规划法》开始实施,意味着城市规划与乡村规划处于同等重要的地位,按照我国目前的城镇化水平,还有接近50%的人居住在农村[③]。随着我国城镇化的进程,空心村、文化趋同、房屋建设标准达不到国家相关规范要求等现象和问题普遍存在,乡村安全性同样受到威胁,因而,必须注重乡村安全研究,这也是推动我国城乡统筹协调发展的重要举措。目前,湖北省鄂州市正在组织编制行政辖区内全域消防规划,这也是我国由"城市安全"走向"城乡安全"的重要举措[④]。

(7)倡导公众参与,鼓励市民及社会组织在城市安全建设中发挥积极作用。市民是城市的主体,作为城市的主人翁,理应在城市建设中起到主导作用,因而,应加强城市安全的日常宣传教育工作,强化市民的主动参与意识。同时,应鼓励非政府组织(NGO)的成立和参与。在城市危机出现时,NGO可以迅速行动,减少了政府联系各个机构联动造成的效率降低的情形。另外,NGO作为扮演沟通政府与市民的桥梁,可以更好地在民众和政府之间起到协调作用,NGO资金来源比较灵活,还可提高城市安全管理效率,是城市安全领域的重要组成部分[5]。

5.结语

近年来,一些波及面广、影响恶劣的城市安全问题频繁出现,同时,人们的生活水平在得到不断提高,这些都在不断强化着人们的健康安全意识,包括近期发生的H7N9病毒传播、四川芦山地震等问题的接连出现,表明我国城市正在并继续面临着安全威胁。今后,我国城市安全问题依然严峻,安全城市建设任务艰巨。因而,应动员一切有利因素,积极提升我国城市安全规划、建设和管理水平,打造宜居城市,全面推动我国城市可持续化、健康化科学发展。

注释

[1] 2010年12月21日我国《交通安全周刊》报道:公路与城市道路交通事故起数比为1.4∶1,城市道路交通事故占所有交通事故比例约为41.7%。

[2] 至2008年底,日本共制定了防灾救灾以及紧急状态等有关危机管理的法律法规约227部。

[3] 2012年,中国社会科学院在京发布《社会蓝皮书:2012年中国社会形势分析与预测》,蓝皮书指出,据2010年第六次全国人口普查主要数据公报,中国城镇人口比重为49.68%。以目前的人口城镇化速度,在2011年,中国的城镇化水平就会超

过50%。

④2013年4月,鄂州市人民政府投资35万,在全市推行消防全域覆盖,在全域规划理念的指导下,《鄂州市全域消防规划》确定了全市城乡未来20年的消防设施的布点建设规模和总体布局。

⑤非政府组织是英文Non-Governmental Organization的意译,英文缩写NGO。因政府制定公共政策是为大多数民众的利益作为出发点的,作为非政府组织,主要就是关心弱势及边缘性群体利益,以促进社会公平。因而,非政府组织既可以帮助政府处理社会事务,又能帮助社会民众与政府沟通,达成合意,因而受到政府和民众的双重欢迎。

参考文献

[1] 金磊. 城市综合减灾规划设计研究初步——SARS留给城市可持续发展的启示[J]. 城市规划,2003(7):64-67.

[2] 金磊. 城市公共安全与综合减灾须解决的九大问题[J]. 城市规划,2005(6):36-39.

[3] 赵萍,王磊. 日本应对灾害之策对我国的启示[N]. 中国经济时报,2008.

[4] 张翰卿,戴慎志. 城市安全规划研究综述[J]. 城市规划学刊,2005(2):38-44.

[5] 张翰卿,戴慎志. 美国的城市综合防灾规划及其启示[J]. 国际城市规划,2007(4):58-64.

[6] 董晓峰,王莉,游志远,高峰. 城市公共安全研究综述[J]. 城市问题,2007(11):71-75.

[7] 马德峰. 安全城市:基于多维视野的考察[J]. 城市规划学刊,2005(1):95-98.

[8] The secure city, the third world city forum 2006 [EB/OL]. http://www.wd.gc.ca/ced/wuf/secure/secure_e.pdf. 2006.

[9]翟国方.规划,让城市更安全[J].国际城市规划.2011(4):1-2.

[10]任致远.城市安全:生命的呼唤[J].城市发展研究.2011(3):1-7.

[11]龙元.交往型规划与公共参与[J],城市规划,2004(1):73-77.

参考文献

[1] 金其高. 社会治安学[M]. 北京. 中国政法大学出版社,1992.

[2] 杨纶标,高英仪. 模糊数学原理及应用[M]. 广州:华南理工大学出版社,2000.

[3] 风笑天. 社会学研究方法[M]. 北京. 中国人民大学出版社,2001.

[4] 中国科学技术协会. 中国城市竞争力发展报告[R](2012—2015). 北京:中国科学技术出版社.

[5] 河南省土木建筑学会 河南城建学院. 河南省城乡规划发展报告[R](2014—2015).

[6] 马德峰. 安全城市[M]. 北京. 中国计划出版社,2005.

[7] 董华,张吉光. 城市公共安全——应急与管理[M]. 北京:化学工业出版社,2006.

[8] 焦双健,魏巍. 城市防灾学[M]. 北京:化学工业出版社,2006.

[9] 金磊. 城市安全之道[M]. 北京:机械工业出版社,2007.

[10] 翟宝辉. 城市综合防灾[M]. 北京:中国发展出版社,2007.

[11] 沈国明. 城市安全学[M]. 上海:华东师范大学出版社,2008.

[12] 吴志强,李德华. 城市规划原理(第四版)[M]. 北京:建筑工业出版社,2010.

[13] 梁大庆. 防风效果评估指标之研究[J]. 水土保持研究,

1996(3):147—153.

[14] 欧阳文昭.论城市安全度[J].建筑安全,1996(5):28—31.

[15] 丁俭,王华,赵敏.一种简明的群体决策 AHP 模型及其新的标度方法[J].管理工程学报,2000(1):16—18.

[16] 戴慎志.论城市安全战略与体系[J].规划师论坛,2002(1):9—11.

[17] 吴庆洲.21世纪中国城市灾害及城市安全战略[J].规划师,2002(1):12—13.

[18] 张风华,谢礼立.城市防震减灾能力指标权数确定研究[J].自然灾害学报,2002(4):23—29.

[19] 吴疑,张群英.模糊综合评判及其在电网规划中的应用[J].桂林工学院学报,2002(3):379—383.

[20] 修春亮,祝翔凌.针对突发灾害:大城市的人居安全及其政策[J].人文地理,2003(5):26—30.

[21] 董华,胡军,薛梅.系统论方法在城市公共安全系统构建中的应用[J].中国安全科学学报,2003(6):36—39.

[22] 朱坦,刘茂,赵国敏.城市公共安全规划编制要点的研究[J].中国发展,2003(4):10—12.

[23] 吕跃进,张维.指数标度在 AHP 系统中的重要作用[J].系统工程学报,2003(5):452—456.

[24] 雷仲敏.我国城市公共安全管理模式构想[J].上海市经济管理干部学院学报,2004(1):11—18.

[25] 卢林峰.你的城市安全吗？南宁为中国城市安全提供样板[J].安防科技,2004(27):5—7.

[26] 严宁.为多伦多创造更安全的空间[J].国外城市规划,2005(2):58—62.

[27] 张翰卿,戴慎志.城市安全规划研究综述[J].城市规划学刊,2005(2):38—44.

[28] 高峰.宜居城市理论研究[D].兰州大学硕士研究生论

文,2005.

[29] 李阳.基于模糊理论的局域网供电能力评估及其可靠性研究[D].四川大学硕士研究生论文,2005.

[30] 徐文雅.武汉城市交通可持续发展的综合评价研究[D].华中师范大学硕士研究生论文,2005.

[31] 罗云.城市小康社会安全指标体系设计[J].中国安全科学学报,2005(1):24—28.

[32] 罗云,裴晶晶,苏筠.城市小康社会安全指标体系设计[J].中国安全科学学报,2005(1):24—28.

[33] 王志军,郭忠平,李勇.基于神经网络的安全评价指标重要度判定方法及应用[J].中国安全科学学报,2005(12):21—24.

[34] 郑阅春,杨倩澜.社会治安评价指标体系研究[J].统计与咨询,2006(6):74—75.

[35] 金磊.城市综合减灾须要未雨绸缪[J].科技潮,2006(3):18—21.

[36] 赵运林.城市安全指数(ICS)模型、结构与功能分析[J].湖南城市学院学报,2006(4):1—4.

[37] 董华,张吉光.城市公共安全——应急与管理[M].北京:化学工业出版社,2006.

[38] 刘建,郑双忠,邓云峰,李安贵.基于G1法的应急能力评估指标权重的确定[J].中国安全科学学报,2006(1):30—33.

[39] 刘克会.首都城市运行安全能力评价指标体系研究[J].安全,2007(6):73.

[40] 桂维民.应急决策论[M].北京:中共中央党校出版社,2007.

[41] 孙伟.城市道路交通安全评价指标体系研究[D].南京林业大学硕士学位论文,2007.

[42] 张敏,陈锦富.城市规划视角的城市公共安全[J].城乡建设,2007(1):8—9.

[43] 郭亚军.综合评价理论、方法及应用[M].北京:科学出

版社,2007.

[44] 杨青,田依林,宋英华.基于过程管理的城市灾害应急管理综合类能力评价体系研究[J].中国行政管理,2007(3):103—106.

[45] 高萍萍.城市突发事件应急能力评价研究[D].天津:南开大学硕士学位论文,2008.

[46] 金磊.城市安全风险评价的理论与实践[J].城市问题,2008(2):35—40.

[47] 金淞.社会治安评估指标体系及其应用研究[D].复旦大学硕士学位论文,2008.

[48] 张凤太,苏维词,周继霞.基于熵权灰色关联分析的城市生态安全评价[J].生态学,2008(7):1249—1254.

[49] 汪克亮,杨宝臣,杨力.基于递阶灰色多层次方法的煤矿安全评估模型[J].工业工程,2009(3):63—67.

[50] 王莲芬,许树柏.层次分析法引论[M].北京:中国人民大学出版社,2009.

[51] 胡树华,杨高翔,秦嘉黎.城市安全指标体系的构建与评价[J].统计与决策,2009(4):42—45.

[52] 廖爱红,侯福均.基于逼近理想点和层次分析法的城市安全评价[J].中国公共安全(学术版),2009(1):35—39.

[53] 马维珍.城市水安全影响因素的AHP综合评价分析[J].城市道桥与防洪,2009(2):62—64.

[54] 李连杰,盖宇仙.基于层次分析法对铁路货运安全的模糊评价[J].铁道运营技术,2009(4):23—25.

[55] 杨远.城市地下空间多灾种安全综合评价指标体系与方法研究[D].重庆大学硕士学位论文,2009.

[56] 果桂梅,曹荣林,胡毅,李敏.基于AHP的城市安全度评价——以江西省德兴市为例[J].河南科学,2009(10):1333—1336.

[57] 尹峰,陈志龙.基于模糊综合评价法的城市人防工程

规划后评价研究[J].《规划师》论丛·改革开放 30 年城乡统筹与城乡规划,2009:212—215.

[58] 赵春荣,赵万民.模糊综合评价方法在城市生态安全评价中的应用[J].环境科学与技术,2009(3):179—183.

[59] 刘敏,方如康.现代地理科学词典[Z].北京:科学出版社,2009.

[60] 刘承水.城市公共安全评价分析与研究[J].中央财经大学学报,2010(2):55—59.

[61] 胡俊锋,杨佩国,杨月巧.防洪减灾能力评价指标体系和评价方法研究[J].自然灾害学报,2010(3):82—87.

[62] 刘承水.基于因子分析和模糊神经网络的城市公共安全评价研究[J].北京城市学院学报,2010(1):31—37.

[63] 潘峰.基于粗糙集的城市安全评价模型的研究[D].山东建筑大学硕士学位论文,2010.

[64] 刘爱华,欧阳建涛.城市安全评价体系基本框架的构建研究[C].Proceedings of 2010 International Conference on Management Science and Engineering[C],2010:185—188.

[65] 李琳,蔡康旭,熊炜.基于层次分析法的城市安全评价方法研究[J].中国公共安全(学术版),2010(1):12—14.

[66] 陈秋玲,张青,肖璐.基于基因突变模型的突发事件视野下的城市安全评估[J].管理学报,2010(6):891—895.

[67] 赵运林,黄璜.城市安全学[M].长沙:湖南科学技术出版社,2010.

[68] 张勇(全国干部培训教材编审指导委员会).突发事件应急管理[M].北京:人民出版社,2011.

[69] 齐旭明.长沙市生态安全评价研究[D].中南林业科技大学硕士学位论文,2011.

[70] 徐丰良.城市安全评价体系构建的研究[D].湖南科技大学硕士学位论文,2011.

[71] 徐明君,鲍苏新.城市防灾基础设施功能安全评价指标

研究[J].工程管理学报,2011(1):27—30.

[72] 张晓峰,杨芳,程春娥,白光.城市应急避难场所安全评价方法研究[J].2011中国消防协会科学技术年会论文集[C],2011:15—18.

[73] 刘志勇,李震.当代西方城市安全研究动向展望[J].室内设计,2011(3):3—6.

[74] 张英喆,李湖生,郭再富.安全保障型城市评价指标体系探讨[J].中国安全生产科学技术,2012(11):38—42.

[75] 李琳,蔡康旭,熊炜,王玉珏.基于层次分析法的城市安全评价方法研究[J].中国公共安全,2012(1):12—14.

[76] 熊炜.城市公共安全评价方法研究[D].湖南科技大学硕士学位论文,2012.

[77] 郑志恩.城市综合安全评价研究[D].沈阳航空航天大学硕士学位论文,2012.

[78] 邱曦.基于城市功能安全的基础设施承灾能力评价[D].天津商业大学硕士学位论文,2012.

[79] 范乐.寒地城市社区级避难空间避难安全评价研究[D].哈尔滨工业大学硕士学位论文,2012.

[80] 张邦平.建立应急预警体系 提升防灾减灾能力[J].中国应急管理,2012(12):23—25.

[81] 李媛,曲雪妍.地质灾害综合评价指标体系和评价方法研究[J].水文地质工程地质,2013(5):129—132.

[82] 李忠强,杨锋,游志斌.安全保障型城市评价指标与标准[J].标准科学,2013(10):14—17.

[83] 赵源,王苏舰.北京城市安全指标评价研究[J].学术前沿论丛——中国梦:教育变革与人的素质提升论文集[C],2013:542—552.

[84] 伊浩,田强,崔鬼.基于GIS的安全保障型城市评价系统研究[J].辽宁石油化工大学学报,2013(4):79—82.

[85] 桑晓磊.城市避震疏散交通系统及评价方法体系研究

[J].上海城市规划,2013(4):50—55.

[86] 李雯.大数据时代下城市街道的交互式设计探索[J].住区,2013(6):38—44.

[87] 李凤桃,张兵,白朝阳.六位市长畅谈城镇化[J].中国经济周刊,2013,(10):50—54.

[88] 常艳梅.城市公共安全评价研究[D].重庆大学硕士学位论文,2013.

[89] 颜小霞.基于遥感与GIS的城市公共安全评价方法研究[D].福建师范大学硕士学位论文,2013.

[90] 程巧梦,张广泰,王立晓.基于AHP的城市道路交通安全评价指标体系[J].交通科技与经济,2014(5):1—4.

[91] 乔锦标.社会消防安全评价指标体系的构建与运行[J].中国高新技术企业,2014(28):159—160.

[92] 肖艳.城市安全评价体系及其应用研究[D].湖南科技大学硕士学位论文,2014.

[93] 郭晓宇.城市中心区地震应急通道安全评价方法研究及应用[D].北京工业大学硕士学位论文,2014.

[94] 王松华,赵玲.城市公众安全评价体系建设的路径选择[J].复旦学报(社会科学版),2015(5):163—168.

[95] 杨瑞含,周科平.基于群组决策和模糊层次分析法的城市公共安全评价[J].中国安全生产科学技术,2015(6):142—149.

[96] 王琦.中小城镇防震减灾管理评价指标研究[J].中国安全生产科学技术,2015(3):179—185.

[97] 严小丽,黄怡浪.建设项目安全事故对城市公共安全影响的评价[J].上海工程技术大学学报,2015(4):347—351.

[98] 陈鹏,张立峰,孙滢悦.城市暴雨积涝灾害风险评价指标体系与概念模型[J].商业经济,2015(11):27—30.

[99] 王同益.外来人口、户籍制度与刑事犯罪[J].商业经济,2016(2):63—74.

[100] Mark R. Stevens. New Urbanist developments in flood-prone areas: safe development, or safe development paradox [J]. Natural Hazards, 2010(3):605—629.

[101] Pan Hua. Study on the characteristics of earthquake's impact on cities[J]. Acta Seismologica Sinica, 2004(2):222—229.

[102] Edmund F. McGarrell. Project Safe Neighborhoods and Violent Crime Trends in US Cities: Assessing Violent Crime Impact[J]. Journal of Quantitative Criminology, 2010 (2):165—190.

[103] Jan-Dirk Schmcker. Traffic Control: Current Systems and Future Vision of Cities[J] International Journal of Intelligent Transportation Systems Research, 2010 (8):56—65.

[104] Yuji Hasemi. Fire Safety Performance of Japanese Traditional Wood/Soil Walls and Implications for the Restoration of Historic Buildings in Urban Districts[J]. Fire Technology, 2002 (4):391—402.

[105] Sun Wei, Ma Jian-xiao. Fuzzy Synthesis Evaluation Procedure for Road Safety level of Cities in China[J]. Intelligent Systems and Applications, 2009:1—4.

[106] Xiaoyan Tao. Fuzzy Comprehensive Evaluation of Urban Ecological Safety in Shenzhen City[J]. Chinese Control and Decision Conference, 2011:1176—1181.

后 记

本研究报告的完成要感谢河南城建学院校长王召东教授和河南省土木建筑学会秘书长王新泉教授的悉心指导,通过前期的多次研讨,两位教授扎实的理论和实践积累,深厚的科研经验,严谨的工作作风影响着课题组的每一个人,这为本书的顺利完成奠定了良好基础。

还要感谢郑州大学建筑学院陈静副教授,陈老师对本研究项目同样付出了大量心血,给本项目的研究指引了方向。此外,河南城建学院城乡规划专业同学王佳盛、黄兵、李永浩、吴雪、游厚良、孟志江、赵明阳、吴盛荣、邱嘉俊等九位同学参加了课题的实地调研和相关内容的撰写工作,没有他们的辛苦工作,本研究课题也不可能顺利完成。此外,本研究课题的完成也离不开河南城建学院建筑与城市规划学院赵玉凤老师在"第七章 基于大数据的城市安全性评价"的辛苦付出和数理学院刘常胜老师、韩献军老师在数学模型建立和处理过程中所做的贡献,在此一并表示感谢!

本书基于城乡规划学的视角,以河南省六个中小城市为例,对其城市安全性进行了研究,其研究方法和内容对于其它相关城市具有同样的借鉴意义,也希望能通过本项目的研究,进一步推动城市安全方面研究的进展。此外,在本书撰写过程中,在研究水平、材料把握等方面都还存在着一定的不足,书中难免会存在许多有待改善之处,敬请各位学者、专家和读者批评指正!

研究课题组全体成员

2017 年 9 月